# Insectos
## Pequeños colosos de la evolución

Matías Reolid Pérez

UJA EDITORIAL

Reolid Pérez, Matías

Insectos : pequeños colosos de la evolución / Matías Reolid Pérez. -- Jaén : Editorial Universidad de Jaén, 2022. -- (Ciencias Experimentales. La Ciencia al alcance de todos ; 3)

192 p.; 19 x 23 cm

ISBN 978-84-9159-479-6

1. Insectos-Evolución I. Jaén. Editorial Universidad de Jaén, ed. II.Título

565.7

Esta obra ha superado la fase previa de evaluación externa realizada por pares mediante el sistema de doble ciego

Colección: Ciencias Experimentales
Directora: M.ª Ángeles Peinado Herreros

Serie: *La ciencia al alcance de todos, 3*
Coordinador de la serie: Antonio Marchal Ingrain


Primera edición, junio 2022
ISBN: 978-84-9159-479-6
ISBNe: 978-84-9159-480-2
Depósito Legal: J-319-2022

Edita
Editorial Universidad de Jaén
Vicerrectorado de Proyección de la Cultura y Deporte
Campus Las Lagunillas, Edificio Biblioteca
23071 Jaén (España)
Teléfono 953 212 355
web: editorial.ujaen.es

editorial@ujaen.es

Diseño y maquetación
José Miguel Blanco. www.blancowhite.net

Imprime
Gráficas «La Paz» de Torredonjimeno, S. L.

Impreso en España/*Printed in Spain*

# Prólogo

TODOS NOS HEMOS SENTIDO FASCINADOS DE PEQUEÑOS POR LOS INSECTOS Y OTROS ARTRÓPODOS TERRESTRES. Pronto aprendemos a "reconocer" aquellos que son inofensivos y aquellos que son especialmente atractivos y los seguimos con la mirada, o los intentamos cazar. Poseer un tarro de cristal con un insecto dentro es un recuerdo que todos tenemos, y me atrevería a pensar que los jóvenes de nuestra actual sociedad altamente tecnológica-digitalizada todavía hacen esto. Aparte de cierta actitud innata hacia los insectos, aprender sobre su enorme impacto directo o indirecto en nuestras vidas, sobre la inabarcable diversidad que exhiben, sobre los muchos grupos peculiares que viven e interactúan con nosotros, no solo las típicas moscas, escarabajos, piojos... se convierte pronto en una cascada de información que queda relegada a los especialistas (entomólogos). En general, ya de adultos, los insectos, excepto algunos grupos muy conocidos, toman la forma de pequeñas entidades que se mueven y que es mejor mantener alejadas de nuestros cuerpos, de nuestros alimentos, de nuestras casas, etc. Algunos de nosotros mantenemos esa fascinación por los insectos a lo largo de la vida, y unos pocos nos especializamos en ellos. Con los insectos, la realidad supera a la ficción. Si mantenemos el interés y vamos aprendiendo más sobre ellos y los observamos con lentes de aumento o lupas

Ala fósil (60 mm) de *Liassopsychops curvatus* del Toarciense inferior (Jurásico inferior) 180 millones de años. Sur de Alemania. Autores Joerg Mutterlose y Michael Klopschar.

binoculares, nos damos cuenta de que, efectivamente, la realidad supera a la ficción, por ejemplo, en estructuras corporales increíbles y en comportamientos que, de repente, nos parecen muy complejos para tan pequeñas criaturas. Finalmente, durante un simple paseo por el campo y con la atención puesta en nuestro entorno, empezamos a percibir como algo palpable esa idea teórica de que tienen un enorme impacto en los ecosistemas terrestres y asumimos que, efectivamente, los insectos son uno de los grandes pilares de la Biosfera. Así es, si desaparecieran las termitas y otros xilófagos que procesan la madera muerta, los bosques sencillamente colapsarían y con ellos la civilización, ya que los tiempos necesarios para un nuevo equilibrio natural en los ecosistemas boscosos y para que los bosques vuelvan a "florecer" es demasiado largo para nuestra especie y para cómo hemos organizado nuestras sociedades. Son tantos los temas importantísimos a tratar que produce algo de vértigo, y creo que esta es la razón de que, conforme pasa la vida, muchos dejen de prestar la atención que merecen los insectos.

Es por ello que obras como la presente, del Dr. Matías Reolid, son imprescindibles para hacer más accesible al público este colosal mundo de pequeñas criaturas que tanto nos impacta. A lo largo de sus páginas encontraremos información insospechada, aprenderemos a reconocer mejor los grupos comunes, por ejemplo, las moscas y los mosquitos, que son un ejército de miles de especies aparte de las tres o cuatro moscas o mosquitos que hemos observado con algo de detalle a lo largo de nuestras vidas (o que nos han picado). Este es un texto científico riguroso, pero sencillo de leer, y, sobre todo, un texto que incide en los aspectos más importantes. Sin duda es útil para el público en general y para estudiantes tanto de secundaria como de universidad. Si queremos reconocer la importancia y utilidad que los insectos tienen para nosotros, empezar a consumirlos en la nueva gastronomía que se avecina, protegernos de ellos y, por supuesto, protegerlos a ellos de nosotros, entonces, como sociedad, tenemos que tener un conocimiento básico y a la vez riguroso. Esta obra transcurre por ese camino.

Todo esto se puede expresar como en una típica frase: "Todo lo que usted necesita saber sobre los insectos". En esta obra hay mucho más, si cabe. El Dr. Matías Reolid es paleontólogo y esa ha sido una feliz circunstancia para dotar a esta obra de una correcta dimensión, algo que no es común en este tipo de textos. Me refiero a una de las "patas articuladoras" del texto que el autor ha cuidado con mimo: la dimensión temporal. Generalmente, los curiosos y los "fans" de los insectos tienen acceso a obras que muestran únicamente el último fotograma de una película que en realidad se extiende cientos de millones de años atrás. ¿Qué pasaba con los insectos en el pasado más remoto?, ¿cómo se explica evolutivamente el origen de los diferentes grupos actuales?, ¿de dónde vienen estos comportamientos que parecen obra de magia? En esta obra se presentan de forma muy accesible las respuestas a las preguntas más importantes. Sinceramente, interesarse por esta obra a buen seguro implicará un cambio en la percepción de los insectos actuales... y de los insectos del pasado. En definitiva, implicará un cambio en la percepción de la realidad, incluso la cotidiana.

Los insectos han estado aquí desde mucho antes que nosotros y seguirán habitando el planeta después de que desaparezcamos como especie, y me aventuro a decir que sobrevivirán a toda nuestra estirpe, los mamíferos, por lo que es importante prestarles atención y escuchar "lo que tienen que decirnos".

Valencia a 5 de agosto de 2021

**Enrique Peñalver**
Museo Geominero
IGME, CSIC

1

# Objetivo del libro

LOS INSECTOS SON LOS ANIMALES MÁS ABUNDANTES QUE EXISTEN, ESTÁN POR TODOS LADOS Y OCUPAN CASI CUALQUIER AMBIENTE, desde medios acuáticos como ríos, lagos y mares, a ambientes emergidos como bosques, praderas... e incluso entornos extremos y áridos para otros organismos como son los desiertos o las cumbres de las montañas nevadas. Los insectos son claramente los artrópodos más exitosos y diversos que existen. Han persistido durante el ascenso de los vertebrados, la gran extinción del final del periodo Pérmico, el dominio de los dinosaurios y la extinción de los dinosaurios al final del Cretácico, la posterior proliferación de los mamíferos e incluso la rápida evolución e industrialización de los humanos. A pesar de estos cambios radicales en la historia de nuestro planeta y de sus ecosistemas, los insectos no solo han persistido sino que han seguido diversificándose en todos los ecosistemas en tierra firme.

Existen millones de especies de insectos, y muchos de los grupos de insectos son desconocidos para la mayor parte de nosotros. Otros en cambio, como las moscas, hormigas, abejas, mariposas, libélulas, escarabajos, saltamontes, avispas o chinches, son conocidos por todo el mundo. O eso pensamos, porque realmente sabemos muy poco de cómo son, cómo viven, de qué se alimentan, cómo se reproducen, y cómo son de diversos.

El objetivo de este libro es dar a conocer algunos detalles de estos curiosos y desconocidos invertebrados que por todos lados nos rodean y que, sin saberlo, resultan esenciales para nosotros

Coleóptero fósil (4 mm) procedente del Toarciense inferior (Jurásico inferior) 180 millones de años. Sur de Alemania. Autores Joerg Mutterlose y Michael Klopschar.

y, en general, para el buen funcionamiento de los ecosistemas. No obstante, para muchas personas los insectos resultan molestos tanto en el hogar como en el campo. No solo los agricultores intentan habitualmente eliminarlos, sino que el comportamiento de muchas personas al encontrarlos en el campo o en la ciudad es el de pisarlos y aplastarlos.

Con este libro se pretende mostrar cómo son en detalle: criaturas fascinantes repletas de detalles anatómicos sorprendentes, inimaginables para muchos. Si muchos de los insectos que en este libro se representan tuvieran un tamaño mayor, por ejemplo, como el de un gato, nos parecerían realmente seres extraterrestres, de ciencia ficción.

Los ejemplares actuales ilustrados corresponden a especies del sur de la Península Ibérica, donde existe una enorme diversidad. Confío en que esta obra permita apreciar la riqueza entomológica de nuestro entorno y, de este modo, sirva para valorar y proteger estos organismos.

2

# Los insectos

LOS ARTRÓPODOS SON UN GRUPO DE ORGANISMOS INVERTEBRADOS QUE SE CARACTERIZAN POR PRESENTAR UN CUERPO ARTICULADO. La palabra artrópodo significa pie (= -podo) articulado (= artro-), lo que hace referencia precisamente a que sus extremidades están articuladas. Son muy numerosos, constituyen el 63% de los organismos y, dentro de ellos, los insectos constituyen el 85%. Existen muchos grupos de artrópodos, pero los más importantes, por ser muy numerosos y diversos, son los insectos, los arácnidos, los crustáceos y los miriápodos.

Los artrópodos presentan un exoesqueleto rígido, que les permite desplazarse. Este exoesqueleto está generalmente constituido por quitina, un polisacárido compuesto por moléculas de N-acetilglucosamina, aunque, en el caso de algunos crustáceos, el esqueleto también puede estar formado por carbonato de calcio. Las funciones del exoesqueleto quitinoso son la protección, soporte para la locomoción y prevención ante la deshidratación en los artrópodos terrestres, entre muchas otras características. La cutícula quitinosa se divide en una serie de placas o escleritas que pueden corresponder o no a los segmentos en los que se estructuran los insectos, los miriápodos, los crustáceos y tantos otros artrópodos.

Los artrópodos existen desde hace 530 millones de años. Se encuentran entre los primeros animales invertebrados que aparecieron, como demuestra el registro fósil, siendo originariamente organismos marinos, como los trilobites. Los insectos son los artrópodos más abundantes de la Tierra.

HEMBRA DE *COLIAS CROCEUS* (FAMILIA PIERIDAE), EL PADUL, GRANADA.

La evolución conlleva diversidad, y los insectos son posiblemente los organismos más diversos en la historia de la vida, así pues, los insectos proporcionan una clara evidencia de cómo actúa la evolución. De acuerdo con muchos parámetros, se podría considerar que los insectos muestran éxito evolutivo: gran longevidad de sus linajes, enorme diversidad, colonización de numerosos ecosistemas y nichos ecológicos, una importante biomasa, y un papel determinante en las cadenas tróficas. Los insectos existen desde hace más de 400 millones de años. Posiblemente adquirieron sus alas en torno al Silúrico superior, hace unos 420 millones de años. Los insectos se encuentran entre los primeros animales que colonizaron las áreas emergidas. Los únicos animales terrestres con una antigüedad equivalente son otros artrópodos como los artropléuridos, parecidos a los milpiés, y arácnidos tipo escorpión.

Los insectos son los artrópodos más numerosos y suponen el 53% de las especies de los organismos actuales, lo que es un porcentaje enorme si comparamos con los vertebrados, que constituyen solamente el 3% de los organismos. Aunque se han descrito y nombrado casi un millón de especies distintas de insectos, se cree que hay aproximadamente unos 5 millones. Cuatro órdenes, Coleoptera, Diptera, Hymenoptera y Lepidoptera, constituyen casi el 80% de todos los insectos. En términos de biomasa y su interacción con otros organismos terrestres, los insectos son el grupo más importante de animales en los ecosistemas continentales actuales. De acuerdo con los paleoentomólogos norteamericanos David Grimaldi del Museo Americano de Historia Natural (Nueva York) y Michael Engel de la Universidad de Arkansas, si elimináramos todos los vertebrados de la Tierra, los ecosistemas funcionarían sin muchos cambios, principalmente si excluimos a los humanos, pero si elimináramos a los insectos de los ecosistemas continentales algunos de ellos colapsarían.

Los insectos pueden vivir en prácticamente cualquier ambiente incluidos bosques, praderas, campos de cultivo, desiertos, cumbres de altas montañas y ciudades. Es más, aunque los insectos son artrópodos terrestres, es decir, de áreas emergidas, muchos de ellos se han adaptado al medio acuático y pueden vivir en ríos y lagos toda su vida o parte de ella. También destaca en los insectos, y explica su gran diversidad, que obtengan su alimento de muy distintas fuentes.

Miles de especies de insectos visitan y se alimentan de flores en la actualidad, de la misma manera que ya lo hacían a mediados del periodo Cretácico. Desde entonces, la evolución ha llevado aparejados a los insectos polinizadores y a las plantas angiospermas. Las abejas, mariposas, muchos tipos de moscas y pequeños escarabajos, se alimentan del polen de las flores. Muchos de estos insectos se encuentran adaptados a un determinado tipo de flores, han evolucionado conjuntamente con las mismas y existe una fuerte dependencia entre ambos organismos, planta e insecto. En esos casos, la proliferación de los insectos suele coincidir con la etapa de floración. El uso de insecticidas y la contaminación perjudica seriamente a este tipo de insectos y, por consiguiente, también a las plantas que dependen de ellos para la polinización y la formación de frutos.

El impacto de los insectos, como fitófagos (herbívoros) eclipsa al de otros animales, algo ya puesto en evidencia en las plagas de Egipto del Antiguo Testamento. No existe otro grupo de organismos que afecte a la agricultura y a la propia vegetación silvestre como lo hacen muchos grupos de insectos. Incluso en la sabana del África oriental, donde existen vastas manadas de ungulados (ñues, cebras, búfalos), los insectos como los saltamontes, grillos, escarabajos, orugas de mariposas y termitas consumen más celulosa que todos los mamíferos combinados. Las defensas químicas de muchas plantas se atribuyen en muchos casos a los insectos herbívoros. Los saltamontes, grillos, insectos palo, gorgojos y muchos escarabajos y chinches, entre otros, se alimentan de vegetales, muchos de ellos especializados en una parte concreta de la planta (raíces, tubérculos, hojas, frutos...). Incluso algunas especies de insectos están especializadas en una determinada especie vegetal y un determinado fruto y de ahí les proviene su nombre común, como ocurre con el escarabajo de la patata (*Leptinotarsa decemlineata*). En otros casos pueden formar verdaderas plagas debido a cambios en las condiciones climáticas o falta de depredadores, como es el caso de la oruga procesionaria *Thaumetopoea pityocampa*, que cada cierto tiempo asola los bosques de coníferas de la Europa mediterránea. Otra oruga que suele verse a finales del invierno en grandes acumulaciones es *Ocnogyna baetica*, muy común en el sur de la Península.

Las mantis, libélulas, algunos tipos de escarabajos, de avispas y de moscas, los zapateros, y muchos más, son carnívoros cazadores. Algunos preparan incluso trampas, como ocurre con la hormiga león que prepara un embudo de arena, bajo el que espera a las presas, que cuando caen no pueden escapar. Otros emplean técnicas de camuflaje, como es el caso de la mantis que suele presentar un color que le permite pasar inadvertida.

Otros comen material en descomposición de origen vegetal o animal, como es el caso de muchos escarabajos, moscas, gorgojos, chinches y tijeretas. Hay otros insectos que se alimentan de excrementos, como es el caso de las larvas de los escarabajos peloteros y algunas moscas. Existen insectos que se alimentan de la sangre de los vertebrados, los denominados hematófagos, como es el caso de mosquitos culícidos, piojos y pulgas.

Otros insectos, que viven en colonias organizadas, tienen sus propios cultivos de hongos o sus propios rebaños de pulgones, como ocurre con algunos tipos de hormigas y termitas. Por supuesto, muchos otros insectos son lo que se denomina generalistas, es decir, no están especializados en un tipo de fuente de alimento en concreto, entre estos se incluye gran número de chinches, avispas, hormigas, cucarachas, etc.

No hay duda de que el valor ecológico de los insectos, su diversidad y su larga historia en nuestro planeta hace que este sea el grupo de organismos más exitosos que existe. Pero, ¿por qué los niños no están tan fascinados con los insectos como lo están con los dinosaurios? El tamaño debe de importar. Si imaginamos cómo ve un grillo a una mantis religiosa más grande, con garras afiladas llenas de espinas que funcionan como una pinza, con una visión estupenda y una boca insaciable... no debería envidiar nada a la imagen terrorífica de un *Tyrannosaurus rex*.

Una característica importante en los insectos es que experimentan en su desarrollo lo que se denomina metamorfosis. Es decir, a lo largo de su vida pueden pasar por distintas fases antes de llegar a estado adulto. Los insectos ponen huevos (algunos son ovovivíparos), de los cuales sale una larva que tras una fase más o menos prolongada, depende del grupo de insectos, se convertirá en un adulto tras sufrir la metamorfosis. En ocasiones, la vida del insecto es más larga en el estado larvario, como ocurre con las cigarras o chicharras, con las mariposas o con las libélulas; estas últimas pueden vivir varios años antes de que la metamorfosis les dé su apariencia adulta. En otras ocasiones, la etapa larvaria es breve o incluso ha desaparecido, este es el caso de los insectos palo, por ejemplo, que nacen con la misma apariencia del adulto, pero en un tamaño diminuto.

La diferenciación en determinadas fases de desarrollo (fases ontogenéticas), puede ser tan radical como que el organismo en su estado larvario y estado adulto no se parecen en nada, pero es que, además, pueden vivir en ambientes totalmente diferentes y alimentarse de forma muy diferente. Un ejemplo lo constituyen las larvas de la aceitera (*Berberomeloe majalis*) que en estado larvario se alimenta de larvas de avispa, mientras que en estado adulto es un insecto herbívoro. En cuanto a cambios en el modo de vida, existen numerosos ejemplos, como el de muchos mosquitos o las libélulas que presentan larvas acuáticas.

Los insectos respiran a través de un sistema de tubos llamados tráqueas. Las tráqueas de los insectos se abren al exterior a través de unos orificios a modo de válvulas denominados espiráculos, que se encuentran por casi todo el cuerpo excepto la cabeza. Así, los insectos pueden respirar sin la cabeza. Las válvulas se abren cuando la concentración de $CO_2$ en el insecto llega a un nivel alto. Entonces se libera el $CO_2$ fuera de las tráqueas y entra aire fresco oxigenado.

El exoesqueleto de los insectos en muchos casos, dada su rigidez, no se adapta al crecimiento del individuo, y necesita ser cambiado, mudado, dando lugar a una cáscara vacía (muda) que es como una copia del exterior del ejemplar adulto; es el caso de los insectos palo. En algunos de los insectos estas mudas se originan cuando el insecto pasa a la fase de adulto, como es el caso de las cigarras cuya cutícula ninfal puede verse con frecuencia en verano en los troncos de los árboles.

En la Península Ibérica hay gran diversidad de insectos debido a que existe gran variedad de ecosistemas, desde altas montañas hasta desiertos, zonas húmedas y campos de cultivo, pero es que, además, hay variedad en el tipo de clima y vegetación. Vicente Ortuño y Francisco David Martínez Pérez, zoólogos de la Universidad de Alcalá, hicieron en 2011 una revisión de la diversidad de artrópodos en la Península Ibérica e indicaban que los insectos más abundantes son los coleópteros con aproximadamente 10.255 especies, seguidos de los himenópteros (9.400 especies) y los dípteros (6.433 especies) (Figura 1). Andalucía presenta también gran variedad de ambientes, que incluyen: la alta montaña de Sierra Nevada; los bosques de coníferas de las sierras que componen los relieves subbéticos (Sierra de Cabra, Sierra Sur de Jaén, Sierra de la Sagra, entre otros) y prebéticos (Sierra de Cazorla, Sierra de Segura y Sierra del Pozo); los bosques mediterráneos de encinas, robles y

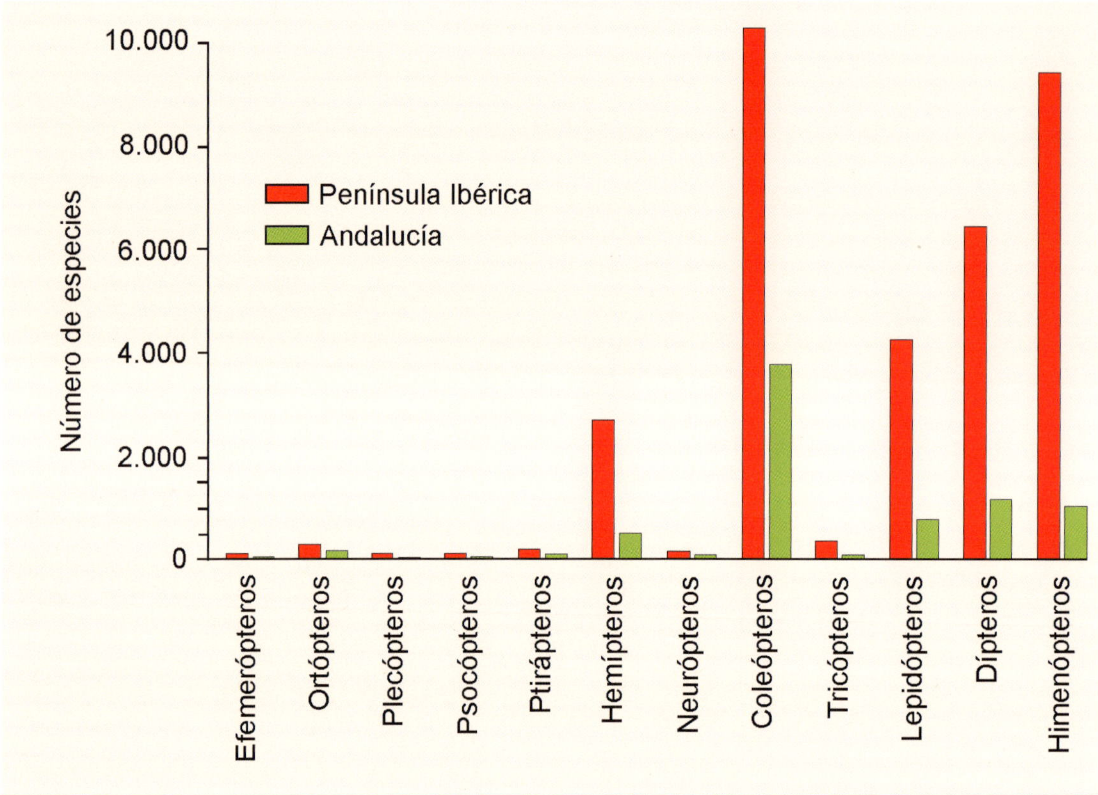


Figura 1

Número de especies de los principales grupos de insectos en España y en Andalucía de acuerdo con Ortuño y Martínez-Pérez (2011).

alcornoques, como los de los Alcornocales, Sierra Norte de Sevilla, Sierra Morena y Sierra Nevada; karst carbonatados como la Sierra del Torcal, Sierra Mágina... o zonas áridas como las depresiones de Guadix y Baza o el Desierto de Tabernas. También en Andalucía existen numerosos humedales, como las marismas del Guadalquivir, la Laguna de El Padul, la Laguna de Fuente de Piedra y muchas más, sin olvidar las riveras de los ríos y los embalses. Esto explica la enorme variedad de insectos con más de 8.600 especies entre las que destacan los coleópteros (3.788 especies), los dípteros (1.168), los himenópteros (1.073) y los lepidópteros (800). Muchos de estos insectos son endemismos, como indican los estudios realizados en Sierra Nevada (Ruano y colaboradores, 2013) o en las zonas áridas del sureste de Andalucía.

# 3

# Fosilización de los insectos

LOS INSECTOS HAN DEJADO POCOS RESTOS FÓSILES TENIENDO EN CUENTA SU ABUNDANCIA Y DIVERSIDAD EN LOS ECOSISTEMAS TERRESTRES ACTUALES. Los insectos, al igual que la mayoría de los artrópodos, no tienen un exoesqueleto mineralizado, lo que hace que tengan un escaso potencial de fosilización. No obstante, existen condiciones excepcionales por las que se han conservado en el interior de las rocas durante millones de años. En estas condiciones los restos completos de sus cuerpos pueden fosilizar, lo que no ocurre por ejemplo con los moluscos o con los vertebrados. El escaso registro fósil de los insectos se debe al hecho de que generalmente fosilizan en sedimentos lacustres o en resina, es decir, en circunstancias poco comunes si las comparamos con el enterramiento en sedimentos marinos. No obstante, aunque es escasa la resina fósil, es decir, el ámbar, esta permite conocer muchos datos de detalle de los insectos del pasado.

Normalmente los fósiles de insectos son solo impresiones de sus alas preservadas en superficies de roca. Las alas son, con toda seguridad, los restos fósiles de insectos más comunes. Tanto las aves como las arañas suelen abandonar las alas cuando devoran un insecto, por lo que no se ven sometidas a procesos digestivos que las degradarían. Por otro lado, las alas membranosas de los insectos presentan un patrón de venación que permite clasificar e identificar al insecto propietario de las mismas.

El denominador común, en muchos casos de preservación de insectos y plantas como fósiles, es la presencia de

Ala fósil (6 mm) de insecto indeterminado. Toarciense inferior (Jurásico inferior) 180 millones de años. Sur de Alemania. Autores Joerg Mutterlose y Michael Klopschar.

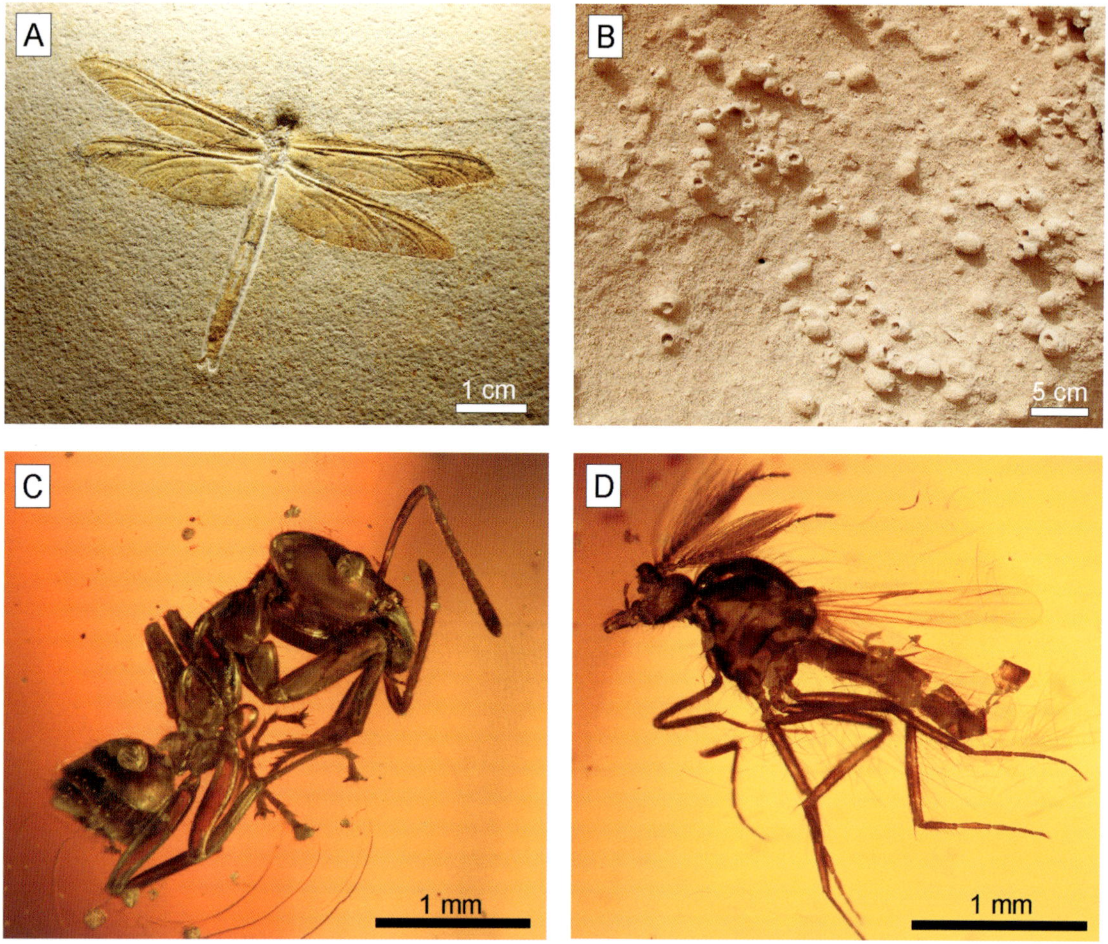


un ambiente sedimentario lacustre. Incluso la preservación de la resina como fósil, es decir la formación del ámbar, necesita de un ambiente acuoso como un lago o un estuario. Sin la protección por un enterramiento rápido y/o un ambiente acuático anóxico, la resina se alteraría gradualmente y no llegaría a formarse el ámbar que encierra esos maravillosos ejemplares de insectos.

Existen algunos casos especiales de preservación de fósiles de insectos que no están ligados a ambientes lacustres. El más famoso es el de las calizas litográficas del Jurásico superior de Solhofen y Eichstätt, en el sur de Alemania, las cuales son de origen marino (Figura 2). Se las denomina *Konservat-Lagerstätten* y son depósitos en los que los organismos se han preservado de forma excepcional e incluso los tejidos no mineralizados han dejado una impresión en la roca.

Muchos insectos fósiles están preservados como compresiones orgánicas o impresiones inorgánicas, o como réplicas mineralizadas o de carbón en tres dimensiones, o como inclusiones en el ámbar. Además existen numerosas evidencias fósiles de su actividad, como pueden ser los daños en la vegetación, observados en troncos petrificados u hojas fósiles, o la presencia de nidos en rocas sedimentarias.

Las compresiones e impresiones son los tipos de fósiles de insectos más habituales y ocurren en rocas de edades comprendidas entre el periodo Devónico hasta el Cuaternario. Las impresiones son como un molde del insecto que muestra la forma y algo de relieve, pero que normalmente no preserva el color de la cutícula. Las compresiones preservan restos de la cutícula. El exoesqueleto de los insectos, que se compone de quitina (un mucopolisacárido) y proteínas entrecruzadas (cutícula esclerotizada), tiene una alta durabilidad. La quitina puede sobrevivir más tiempo a las condiciones de la fosilización, sobre todo en ambientes de agua dulce. Como es de esperar, la cutícula de los insectos se preserva mejor cuanto más gruesa y esclerotizada es. En España existen algunos yacimientos relevantes de insectos fosilizados como impresiones en sedimentos de grano muy fino, como es el caso del yacimiento de Las Hoyas (Cuenca) correspondiente al Cretácico inferior, o los de las lutitas bituminosas de Rubielos de Mora (Teruel) correspondientes al Mioceno inferior.

Las concreciones ocurren en nódulos de roca en cuyo núcleo se encuentra el resto fósil. Los nódulos o concreciones se caracterizan por presentar una composición química que difiere de la composición de la formación rocosa en la que están. En muchas ocasiones, la formación de estas concreciones se produce tras el enterramiento de los restos del organismo en el fondo de un medio sedimentario acuoso, al que sigue un proceso de precipitación mineral alrededor del resto que está en descomposición. Una vez que el resto del organismo ha sido encerrado por los minerales neoformados a su alrededor, quedará preservado en el interior de la concreción.

Otra vía de preservación es la replicación mineral. Una réplica se forma cuando el cuerpo de un insecto es total o parcialmente reemplazado por minerales. El fósil suele preservarse en

**Figura 2**

Fósiles de insectos y de su actividad. A. Libélula fósil *Aeschnogomorphus* del Jurásico superior (hace unos 160 millones de años) del sur de Alemania (Solnhofen, Bürgermeister-Müller-Museum). B. Nidos fosilizados (*Palmiraichnus castellanosi*) del cuaternario producidos por la abeja Anthophora y preservados en dunas fósiles cerca de Mala (costa oriental de Lanzarote). C. Hormiga fósil preservada en ámbar del tránsito Mioceno inferior-medio, de entre 17 y 20 millones de años, procedente de República Dominicana. Foto de Enrique Peñalver. D. Mosquito fósil preservado en ámbar de hace entre 17 y 20 millones de años, procedente de República Dominicana. Foto de Enrique Peñalver.

tres dimensiones. En algunos casos las réplicas están constituidas por alguna variedad de carbón.

Los restos fósiles más conocidos de insectos, y otros pequeños invertebrados continentales, son los preservados en el ámbar (Figura 2). Existen vastos depósitos de ámbar en la región del Báltico, pero también en otros lugares del planeta. Este ámbar se ha considerado una piedra preciosa desde hace miles de años, empleándose como joyas, amuletos y objetos de arte. Cuando la resina estaba pegajosa, los insectos y otros pequeños organismos terminaban atrapados en su superficie y gradualmente eran engullidos por la resina, quedando aislados del exterior. El siguiente paso necesario es el enterramiento de esa resina en el sedimento. Durante la litificación del sedimento en el que queda la resina enterrada, esta se transforma en el preciado ámbar.

En España existen importantes yacimientos de ámbar a los que se asocia un importante registro fósil de insectos, destacan entre otros el yacimiento de San Just en Utrillas (Teruel), el de Álava, y el de la Cueva de El Soplao (Cantabria), todos ellos del Cretácico.

# 4

# Los insectos en la historia de la Tierra

LA CLASE (EPICLASE) HEXAPODA CONSISTE EN ARTRÓPODOS QUE POSEEN SEIS PATAS, como su nombre indica, y se divide en dos grupos principales: Entognatha y Ectognatha, los segundos más ampliamente conocidos como insectos. Esta división hace referencia a la posición de la boca, que en entognatos se retrae al interior de la cabeza mientras que en los ectognatos las piezas bucales están permanentemente expuestas. Algunos estudios moleculares indican que los hexápodos se originaron en el periodo Silúrico, hace unos 430 millones de años. Los fósiles más antiguos de hexápodos son dos entognatos, *Rhyniognatha hirsti* y *Rhyniella praecursor* (un colémbolo) que datan de mediados del periodo Devónico (hace unos 400 millones de años).

Una de las características básicas de los insectos es la presencia de alas, pero los primeros hexápodos carecían de las mismas. Los primeros insectos con alas aparecieron probablemente en el periodo Devónico, hace unos 400 millones de años, siendo los primeros organismos voladores. Muchos grupos de insectos se desarrollaron en el periodo Pérmico, entre hace 300 y 250 millones de años. La mayoría de los órdenes de insectos modernos hace unos 250 millones de años y muchas familias de insectos actuales ya existían a inicios del periodo Cretácico, hace unos 120 millones de años.

Muchos de los grupos de insectos modernos se diversificaron en el periodo Jurásico (200-145 millones de años) y algunos de ellos, como los himenópteros (abejas y avispas),

Ala fósil (40 mm) de libélula del Toarciense inferior (Jurásico inferior) 180 millones de años. Sur de Alemania. Autor Joerg Mutterlose.

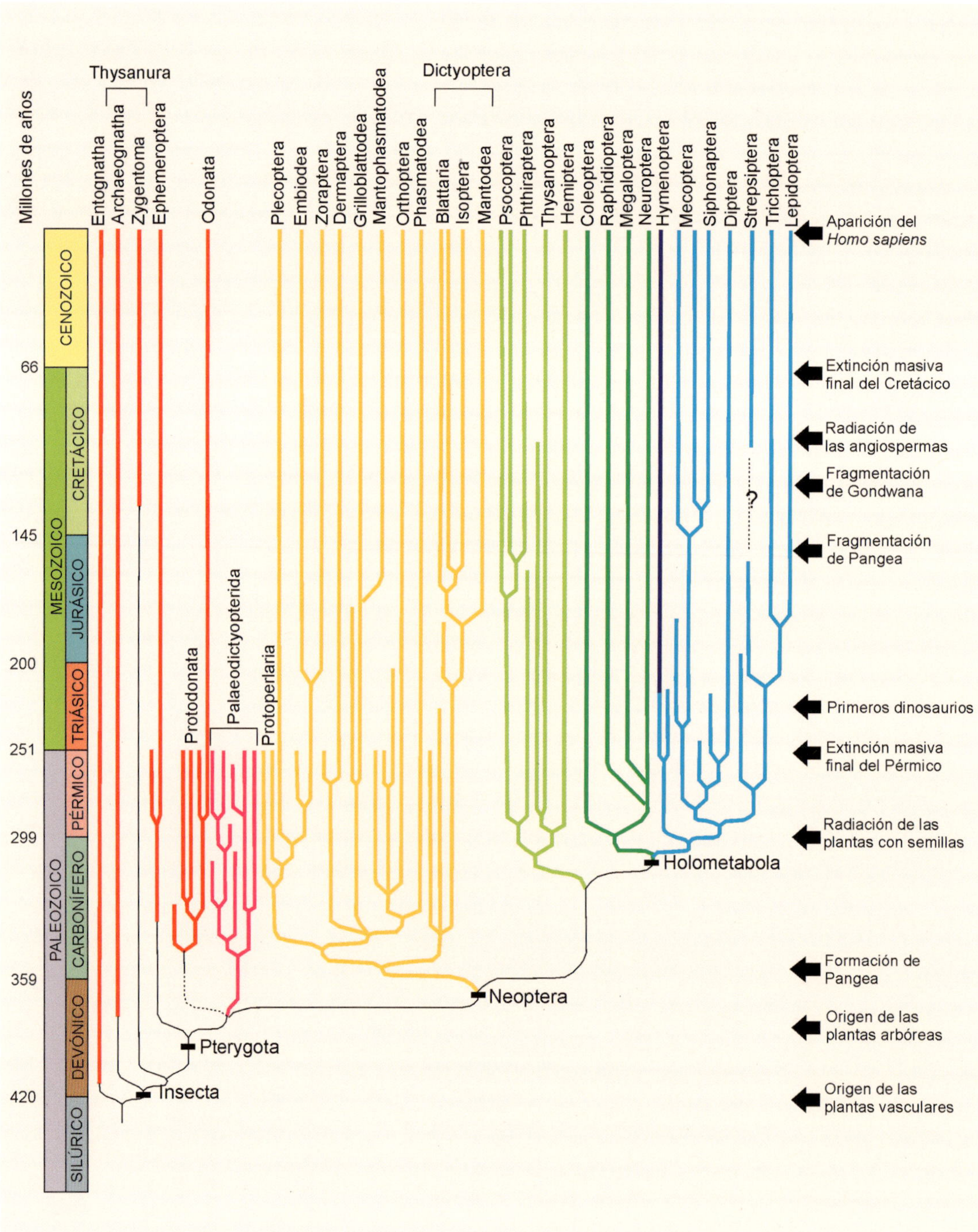

Millones de años
66
145
200
251
299
359
420
CENOZOICO
MESOZOICO
PALEOZOICO
CRETÁCICO
JURÁSICO
TRIÁSICO
PÉRMICO
CARBONÍFERO
DEVÓNICO
SILÚRICO
Thysanura
Dictyoptera
Entognatha
Archaeognatha
Zygentoma
Ephemeroptera
Odonata
Plecoptera
Embiodea
Zoraptera
Dermaptera
Grilloblattodea
Mantophasmatodea
Orthoptera
Phasmatodea
Blattaria
Isoptera
Mantodea
Psocoptera
Phthiraptera
Thysanoptera
Hemiptera
Coleoptera
Raphidioptera
Megaloptera
Neuroptera
Hymenoptera
Mecoptera
Siphonaptera
Diptera
Strepsiptera
Trichoptera
Lepidoptera
Protodonata
Palaeodictyopterida
Protoperlaria
?
Holometabola
Neoptera
Pterygota
Insecta
Aparición del *Homo sapiens*
Extinción masiva final del Cretácico
Radiación de las angiospermas
Fragmentación de Gondwana
Fragmentación de Pangea
Primeros dinosaurios
Extinción masiva final del Pérmico
Radiación de las plantas con semillas
Formación de Pangea
Origen de las plantas arbóreas
Origen de las plantas vasculares

lepidópteros (mariposas) y algunos dípteros (moscas) y coleópteros (escarabajos) evolucionaron conjuntamente con las plantas con flores durante el Cretácico (145-66 millones de años) (Figura 3).

**Figura 3**
Filogenia de los distintos órdenes de insectos fósiles y actuales propuesta por Grimaldi y Engel (2005).

## 4.1 La conquista de tierra firme

Los insectos son organismos de tierra firme, aunque, como todos sabemos, algunos insectos en su evolución colonizaron los ríos y lagos, como es el caso de, por ejemplo, las larvas de las libélulas y las de los mosquitos, o el caso de algunos coleópteros (p. ej., ditíscidos) y chinches (p. ej., zapateros y notonectas) que viven en el medio acuático toda su vida.

La transición a tierra firme tuvo lugar en un ancestro de los insectos y sus parientes los entognatos (clase Entognatha). La asociación fósil de artrópodos terrestres más antigua data del Silúrico superior. Sin embargo, hay rastros fosilizados de artrópodos en ambientes sedimentarios continentales desde el Ordovícico inferior y medio, es decir, de 10 millones de años antes que los restos corpóreos. Estos primeros rastros no son de insectos, pero parecen ser de quelicerados primitivos, parientes de los arácnidos. La evidencia más temprana propiamente correspondiente a insectos es del Devónico inferior (hace unos 410 millones de años). Los rastros indican que varios linajes de insectos existían ya en el Devónico y que estos se originaron ya en tierra firme.

La aparición de las alas en los insectos debió de favorecer la dispersión y todo un nuevo espectro de posibilidades a la hora de explotar distintos tipos de alimento. Este hecho debió de suponer un hito evolutivo y de diversificación de primer orden: la conquista del aire. Los insectos fueron los primeros organismos voladores, y los únicos durante mucho tiempo hasta que un grupo de reptiles, los pterosaurios, colonizaron el aire a finales del Triásico, hace unos 215 millones de años.

Mientras que las alas se han perdido en algunos grupos de insectos, estas solamente aparecieron una vez en el curso de la evolución y se diversificaron a partir de ese momento. Las alas probablemente se originaron antes del Carbonífero superior, pero no se sabe cuándo, ya que el registro fósil no presenta especímenes concluyentes sobre la evolución de vuelo. Durante el Carbonífero superior (Figura 4), hace unos 320 a 300 millones de años, ya existía una

diversidad de morfologías de alas y, por lo tanto, el origen de las alas debe de ser anterior, posiblemente Devónico superior o Carbonífero inferior. Los parientes primitivos de las libélulas son los insectos voladores más reconocibles en estos inicios de la conquista del medio aéreo. Es difícil saber cuándo se originaron los odonatos, pero sus ancestros Geroptera y Protodonata ya existían en el Carbonífero superior (Figura 4). Algunas de estas libélulas del Paleozoico tuvieron tamaños enormes, como las *Meganeura* (70 cm), al igual que algunos miriápodos (*Arthropleura* con 2,6 m) y escorpiones (*Jaekelopterus rhenaniae* con 2,5 m).

Cuando los insectos fueron capaces de plegar las alas sobre el abdomen durante el reposo, es decir, cuando aparecieron los neópteros, se abrió un amplio abanico de posibilidades, de modificaciones de las alas y de sus funciones, como por ejemplo el desarrollo de élitros como los que presentan los escarabajos. Este grupo de insectos alados, los neópteros, apareció a inicios del Carbonífero superior y posteriormente se diversificó en todos los nichos ecológicos imaginables en tierra firme y agua dulce. Otros grupos fueron incapaces de plegar las alas sobre el cuerpo, los paleópteros, que incluyen a las efímeras (Orden Ephemeroptera) y libélulas (Orden Odonata).

**Figura 4**
El Carbonífero es el primer periodo geológico en el que se desarrollan bosques constituidos por enormes helechos arbóreos y sphenópsidos (parientes lejanos de las colas de caballo). Los anfibios y los primeros reptiles vivían en estos bosques y en zonas pantanosas en donde predominaban grandes artrópodos como la libélula gigante *Meganeura* y el miriápodo *Arthropleura*. Paleoilustración realizada por Jesús Reolid y Melania Cazorla.

## 4.2 La interacción evolutiva entre insectos y plantas

La transición de un modo de alimentación detritívoro a uno fitófago supuso un paso crucial en la evolución de los hexápodos, aunque no puede reconocerse en el registro fósil. Sin embargo, puede inferirse a partir del análisis morfológico de las piezas bucales, así como por el análisis de los daños que presentan los restos fósiles de plantas. Según el Dr. Conrad Labandeira del Museo Nacional de Historia Natural del la Institución Smithsonian, los hexápodos herbívoros habrían evolucionado al final del periodo Silúrico e inicio del Devónico, hace aproximadamente unos 420 millones de años, pero los registros fósiles más antiguos de hexápodos herbívoros corresponden a ortópteros y blatoideos del final del Carbonífero inferior (Misisipiense) y del Carbonífero superior (Pensilvaniense).

Los órdenes de insectos modernos que presentan especies herbívoras tienen sus orígenes muy atrás en el tiempo geológico. Los primeros coleópteros fósiles documentados aparecen al principio del periodo Pérmico, los hemípteros y tisanópteros aparecieron durante el Carbonífero superior, los heterópteros durante el Triásico y los lepidópteros a principios del Jurásico. De este modo, los principales grupos de insectos ya estaban ampliamente diversificados antes de la aparición de la flora moderna. En un trabajo publicado en 2006, el Dr. Conrad Labandeira estableció cuatro fases en la evolución de las interacciones entre artrópodos y plantas:

1. Una primera fase, que se extiende desde el periodo Silúrico al Devónico comprendiendo alrededor de 60 millones de años, está caracterizada por el consumo de plantas vasculares y hongos primitivos por miriápodos y hexápodos ápteros, es decir, no voladores.
2. Una segunda fase se extiende desde mediados del periodo

Carbonífero hasta el final del Pérmico y se caracteriza porque tanto los ácaros como hexápodos ápteros e insectos con alas se alimentaron de plantas pteridofitas y gimnospermas basales. Esta fase se interrumpe con la gran extinción del final del Pérmico.

3 La tercera fase va desde el Triásico medio, cuando se recuperan los ecosistemas tras la gran extinción, y llega hasta la actualidad. Durante esta fase los ácaros, ortópteros y hemípteros, y los grupos basales de los insectos holometábolos (todos ellos originados durante el Carbonífero tardío), colonizan las pteridofitas y las gimnospermas.
4 La cuarta fase, que se solapa en parte con la anterior, comienza en el Cretácico inferior y llega hasta la actualidad. Durante esta última fase se desarrollan las faunas modernas que se alimentan de plantas angiospermas.

Estas fases resumen los principales escenarios en la historia de la interacción entre los artrópodos, principalmente los insectos, y las plantas a lo largo de amplios intervalos temporales y episodios de extinciones en masa en la historia de la Tierra. La respuesta de los insectos ante estas crisis fue diferente entre los distintos grupos. El límite Pérmico/Triásico, hace 250 millones de años, fue el mayor episodio de renovación de fauna y flora en la historia de la vida en la Tierra, incluyendo la desaparición de algunos grupos de insectos. Por ejemplo, los miembros del Orden Paleodictyoptera, unos insectos voladores que aparecieron en el Carbonífero y que alcanzaron grandes tamaños (más de medio metro en algunas especies), desaparecieron al final del Pérmico.

El Triásico (hace entre 250 y 200 millones de años) es un periodo particularmente importante en la historia evolutiva de los insectos con la diversificación de distintos órdenes, como los tisanópteros, psocópteros, tricópteros, y algunos tan conocidos como los dípteros, himenópteros, heterópteros, y lepidópteros. Muchos grupos de insectos habían aparecido en el Carbonífero superior y Pérmico, pero tras la gran extinción la disponibilidad de nuevos recursos alimenticios y hábitats dejados por las formas extintas favoreció su diversificación. El tránsito Pérmico/Triásico también se caracteriza por una configuración muy especial de las masas continentales que se encontraban todas unidas en un supercontinente denominado Pangea, el resto del planeta estaba ocupado por un gran océano denominado Panthalasa. La configuración de este supercontinente que se disponía de norte a sur no facilitaba la distribución de las corrientes oceánicas y, además, conllevaba que el clima fuera extremo en aquellas amplias áreas continentales alejadas del mar. A lo largo del Mesozoico, principalmente a partir del Jurásico, este continente se empezó a fragmentar a favor de un entrante marino de Panthalasa denominado mar del Tethys. La expansión del Tethys dio lugar a dos supercontinentes, al norte Laurasia (lo que hoy en día es Norteamérica, Europa y Asia) y al sur Gondwana (actualmente Suramérica, África, India, Antártida y Australia).

Parece que hubo poca diferenciación entre las faunas de insectos del Triásico superior y las de inicios del Jurásico pese a que en el límite Triásico/Jurásico se produjo otra de esas grandes extinciones en masa favorecida por el vulcanismo asociado a la ruptura de Pangea. Cambios significativos en la flora del Jurásico incluyeron la radiación de cícadas, ginkgos, benetitales y especialmente de las coníferas, en las que aparecieron las familias modernas (como pináceas, taxodiáceas y podocarpáceas). Estos cambios en la flora favorecieron la progresiva diversificación de los insectos durante el Jurásico. Muchos de los órdenes modernos de insectos han estado presentes desde el final del Jurásico, hace unos 150 millones de años, y algunos otros desde el final del Triásico hace 200 millones de años. Por lo tanto, durante el Mesozoico, la era de los dinosaurios y otros grandes reptiles, muchos grupos de insectos permanecieron estables.

En el registro fósil se observa la aparición de las primeras mantis, termitas, abejas, avispas y hormigas a lo largo del Cretácico. Los primeros fósiles confirmados de plantas angiospermas datan de hace 135 millones de años y empiezan a diversificarse a lo largo del Cretácico inferior. A mediados del Cretácico se produce una clara expansión de la flora de angiospermas en los ecosistemas que fue acompañada por la diversificación de numerosas familias de insectos modernos. El impacto del establecimiento de una flora dominada por las angiospermas afectó a los insectos fitófagos y a otros omnívoros.

Cabe destacar que a mediados del Cretácico, entre el Cenomaniense y el Turoniense (hace unos 93 millones de años), se produjo una crisis climática que conllevó la extinción de algunos linajes jurásicos de insectos. Por otro lado, el periodo Cretácico tiene una especial importancia en la evolución y diversificación de muchos organismos dado que la configuración de los continentes actuales está ya establecida tras la fragmentación del supercontinente Pangea con el que había empezado el Triásico. En el Cretácico superior la separación de los continentes es lo suficientemente amplia como para que muchas especies que aparecen en un continente no puedan dispersarse a otros.

Al final del Cretácico se produjo una nueva extinción en masa que, pese a no ser la más importante, sí que es la más popular dado que conllevó la desaparición de los dinosaurios. No obstante, este hecho tan conocido por el gran público debe matizarse puesto que se sabe que las aves son realmente un linaje superviviente de los dinosaurios que sobrevivió al límite Cretácico/Paleógeno. Muchos otros organismos se extinguieron, como los pterosaurios (reptiles voladores), sauropterigios y mosasaurios (reptiles marinos), así como numerosos invertebrados como los ammonites y muchas especies de microorganismos marinos. Sin embargo, los insectos parece que solo se vieron afectados marginalmente como afirmaron los Dres. Conrad Labandeira y John Sepkoski en un trabajo publicado en la revista *Science* en 1993.

La flora moderna y los grupos asociados de insectos fitófagos quedaron plenamente establecidos a principios del Eoceno, hace unos 56 millones de años. Así lo demuestran los estudios de los insectos atrapados en ámbar y rocas de origen lacustre como los de los afloramientos del norte y oeste de Europa.

Tanto el origen del polen como el de la polinización constituyeron un hecho evolutivo de gran envergadura en las plantas con semillas. Las plantas con semillas se originaron hace unos 350 millones de años (inicios del Carbonífero). Inicialmente la polinización de las gimnospermas primitivas fue anemófila, es decir, el polen era distribuido por el viento. El polen era producido por los conos masculinos, dispersado por el viento e interceptado, con suerte, por los conos femeninos produciéndose la fertilización del óvulo, formando la semilla. La polinización entomófila, es decir, mediada por la actividad de los insectos, juega un papel importante en la diversificación de las plantas durante el Mesozoico (250 a 66 millones de años). Así, hubo una primera radiación evolutiva de los insectos antes de la aparición de las angiospermas, con el desarrollo de piezas bucales capaces de alcanzar el polen de los conos masculinos y femeninos, paralelamente a la evolución de tipos de polen consistentes con la entomofilia en los principales grupos de plantas con semillas (como los helechos con semillas y las pinales). Mientras que actualmente todas las pinales son polinizadas por el viento, las cicadales son polinizadas por coleópteros y tisanópteros, y las gnetales son polinizadas por moscas y polillas.

Hace 120 millones de años, en el Cretácico inferior, apareció la polinización entomófila en las angiospermas, que reemplazaron a la mayor parte de la flora paleozoica. Una primera diversificación de insectos ocurrió a principios del Mesozoico y una segunda se inició con la expansión de las angiospermas y la diversificación de los insectos antófilos, es decir, que vivían a expensas de las flores por alimentarse de néctar o polen.

Los insectos antófilos presentan innovaciones evolutivas convergentes, principalmente en los himenópteros, lepidópteros y dípteros, como por ejemplo la transformación de las piezas bucales en lenguas tubulares. Por otro lado, los insectos antófilos son, en muchos casos, grandes y buenos voladores. Muchos de ellos tienen en común la presencia de pelos que pueden estar modificados para facilitar la recolección de polen, como ocurre en abejas y abejorros (Hymenoptera, Apoidea).

Dentro de las especies de un grupo particular de plantas, las espermafitas entomófilas, las flores están adaptadas para atraer a una especie concreta de insecto, favoreciendo de este modo la transferencia de polen entre la misma especie y de este modo su fertilización. Así, la ventaja evolutiva de la polinización por medio de insectos está en que es direccional y no depende del viento, lo que facilita la polinización cuando hay pocos individuos de la planta o cuando ocurre en ambientes donde el viento no es habitual. Sin embargo, la polinización por parte de los insectos no les sale gratis a las plantas, ya que tienen que atraer a los insectos por medio de flores con colores y aromas, y generar el alimento que atraiga a esos insectos. Una vez iniciada la polinización entomófila se produjo una importante diversificación de insectos y plantas.

## 4.3 Insectos gigantes

Los insectos actuales tienen, por lo general, un tamaño pequeño, normalmente no exceden los 4 cm. Si bien, hay algunos insectos palo y algunas mariposas tropicales que pueden alcanzar los 30 cm. Es el caso de la mariposa de Papúa Nueva Guinea *Ornithoptera alexandrae*, y del insecto palo de Malasia *Phobaeticus chani* con un tamaño de 35 cm. Sin embargo, en el Paleozoico los insectos tenían generalmente un tamaño mayor al actual, y algunas especies superaron los 70 cm, como es el caso de la libélula primitiva *Meganeura* del Carbonífero superior (hace unos 320-300 millones de años). Un factor principal limitante del tamaño de los insectos se haya en su respiración.

Los insectos respiran a través de un sistema tubular de tráqueas que conectan con el exterior del animal por medio de diminutas aperturas denominadas espiráculos. El aire se mueve a través de las tráqueas de los insectos por difusión pasiva del oxígeno, lo que les permite respirar. Los insectos pueden favorecer el movimiento del aire contrayendo pequeños "fuelles" localizados en varios puntos del sistema traqueal, o expandiendo y contrayendo su abdomen. Pero la principal vía de respiración es la difusión pasiva del oxígeno. Esto impone unas restricciones al tamaño de los insectos ya que es progresivamente más complicado que llegue el oxígeno al interior del insecto cuando este tiene un gran tamaño. A mayor masa se necesita una cantidad desproporcionadamente mayor de tráqueas para llevar el oxígeno a los músculos más profundos y la respiración se hace menos eficiente.

Entonces ¿qué pasaba durante el Carbonífero para que algunos insectos y otros artrópodos pudieran alcanzar tan gran tamaño? La respuesta se encuentra en la composición de la atmósfera, que tenía una proporción de oxígeno (35%) mayor que la actual (21%), de forma que la respiración para los insectos era más sencilla y el límite de tamaño de los artrópodos fue más alto.

Durante el periodo Devónico, las plantas colonizaron la tierra emergida y rápidamente proliferaron. Esta expansión de la flora produjo grandes volúmenes de oxígeno como residuo metabólico de la fotosíntesis. Las concentraciones aumentaron hasta alcanzar un máximo durante el Carbonífero superior. Aunque el pico ocurrió en el Carbonífero, cuya atmósfera puede considerarse hiperóxica, los niveles de la atmósfera actual también se superaron durante el Devónico medio-superior. A finales del Paleozoico, la concentración de oxígeno comienza a decrecer, llegando a valores más bajos que los actuales en algunos momentos del Pérmico. Esto hizo que a lo largo del Pérmico los insectos gigantes desaparecieran. Únicamente durante el Cretácico, cuando nuevamente se dieron condiciones atmosférica hiperóxicas, aparecieron insectos gigantes como los efemerópteros de la familia extinta Hexaginitidae.

Los insectos gigantes del Paleozoico fueron seguramente insectos voladores activos, no únicamente planeadores. La estructura de las alas de las meganeuras y su venación indican una alta maniobrabilidad del vuelo, que por otra parte debió de suponer una alta tasa metabólica, es decir un alto coste energético.

5

# Anatomía de los insectos

AL IGUAL QUE OTROS ORGANISMOS SEGMENTADOS, LOS INSECTOS SE COMPONEN DE UNA SERIE DE UNIDADES REPETIDAS, DENOMINADAS METÁMEROS. Ancestralmente, estos segmentos fueron idénticos entre sí, con la única especialización del segmento delantero que constituye la cabeza y el último segmento en el que se encuentra el ano. En los insectos los metámeros se encuentran especializados y organizados en tres regiones principales, a las que se denomina tagmas: cabeza, tórax y abdomen (FIGURA 5). El tórax consiste en tres metámeros y el abdomen en once, aunque el último se ha perdido en casi todos los insectos que realizan una metamorfosis completa (holometábolos). La cabeza consiste en un número indeterminado de segmentos. Excepto en los insectos más primitivos, la mayoría muestra algún grado de segmentación secundaria en tórax y abdomen.

Estos tagmas están muy modificados en algunos grupos, pero en líneas generales la cabeza presenta los órganos sensoriales y se emplea para alimentarse ya que es donde se encuentra la boca, la función del tórax es la locomoción puesto que de él salen las extremidades, y finalmente el abdomen presenta las vísceras que desarrollan buena parte del metabolismo y los órganos reproductivos.

No obstante, la anatomía de la larva de aquellos insectos que experimentan una metamorfosis compleja no se ajusta a este patrón corporal. Muchas de estas larvas parecen gusanos segmentados.

DETALLE DE LOS GRANDES OJOS COMPUESTOS DE DIFERENTES DÍPTEROS ACTUALES.

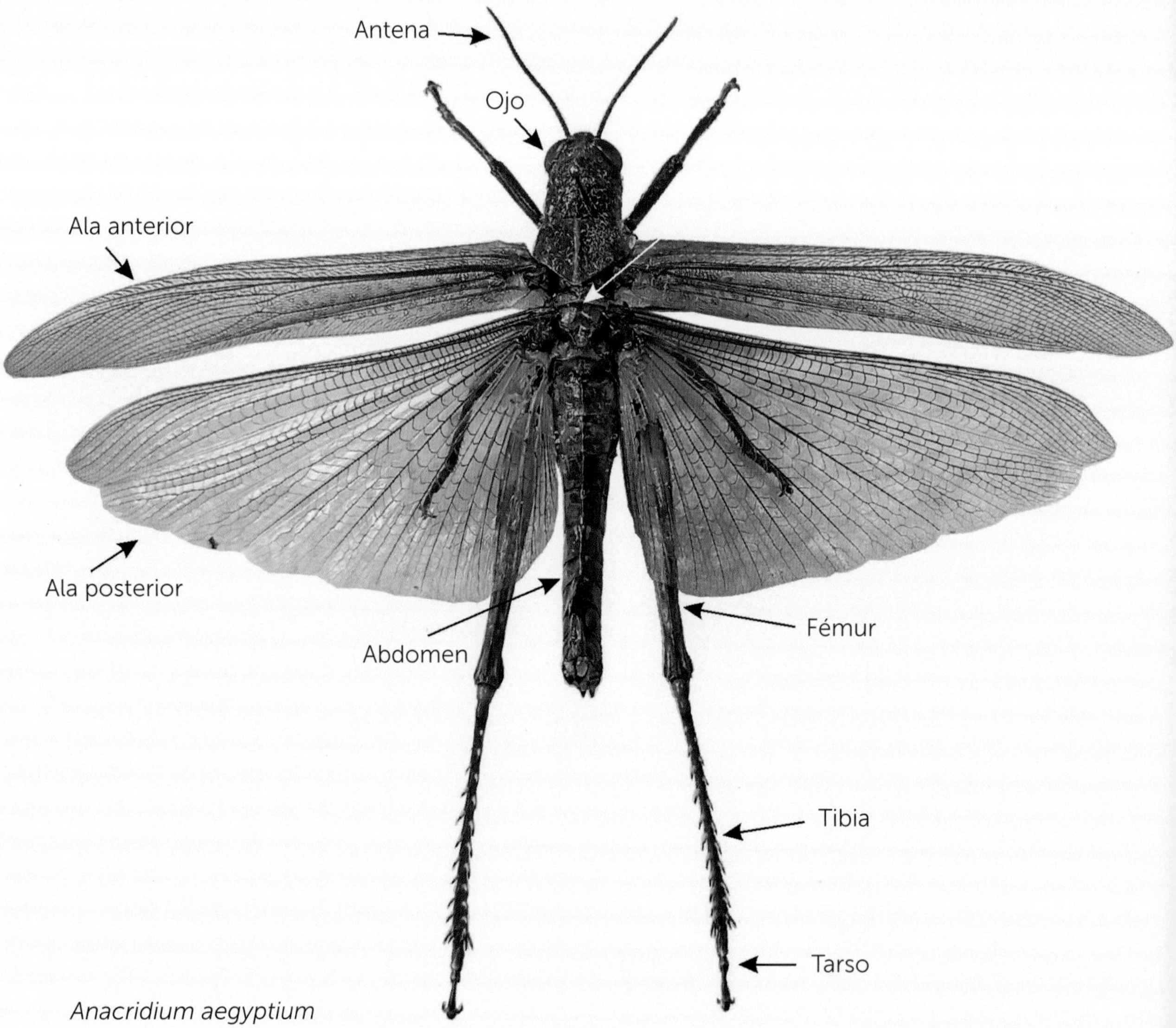


*Anacridium aegyptium*

## 5.1 Cabeza

La cabeza es una de las partes más características de los insectos en la que presentan numerosos órganos especializados como son los ojos, la mandíbula y las antenas entre otros. Existe una complicada terminología para describir las distintas, partes de la cabeza de los insectos, sin tener en cuenta que la geometría y los órganos de la cabeza de los insectos pueden ser muy diferentes entre los distintos grupos.

A la parte superior de la cabeza se la denomina vértex, se encuentra por encima y detrás de los ojos. La gena corresponde a la parte del rostro situada bajo los ojos. Los insectos poseen un par de ojos compuestos formados por numerosas lentes muy pequeñas, llamadas facetas. El número de facetas, así como el tamaño de los ojos y de las propias facetas, es variable. Insectos como las libélulas tienen varios miles de facetas. Los ojos compuestos están presentes en casi todos los artrópodos con algunas excepciones como los arácnidos actuales y algún otro grupo (no obstante los ojos compuestos sí existían en arácnidos paleozoicos como los grandes escorpiones).

En general, los insectos voladores son los que tienen los ojos más grandes y desarrollados. En cambio, algunos insectos como las hormigas tienen unos ojos muy poco desarrollados, pequeños y con pocas facetas. Además, hay algunos insectos que tienen tres ojos simples y diminutos adicionales denominados ocelos, que se sitúan en el vértex formando un triángulo. Por lo general, los ojos de los insectos suelen ser uno de los elementos más atractivos cuando se observan bajo el microscopio.

Otro de los rasgos característicos de los insectos es la presencia de un par de antenas que se emplean para olfatear. Las antenas pueden tener una longitud muy variable y se componen de numerosos segmentos idénticos entre sí. Por ejemplo, los grillos y las cucarachas tienen unas antenas extremadamente largas que en algunos casos llegan a superar la longitud de su cuerpo, mientras que otros insectos como las mariquitas o las cigarras tienen unas antenas muy cortas. El primer segmento de las antenas (denominado escapo) suele ser más largo que el resto, el segundo segmento (pedicelo) es muy corto, y los restantes segmentos forman lo que se denomina flagelo.

El análisis morfológico de las piezas bucales proporciona evidencias directas de los hábitos alimenticios de los insectos ya que su morfología está directamente relacionada con el tipo de alimento. Por ejemplo, las mandíbulas de un insecto predador

**Figura 5**
Partes básicas de la anatomía de un insecto adulto, tomando como ejemplo un individuo de langosta egipcia (*Anacridium aegyptium*) de la localidad de El Padul (Granada).

son muy diferentes a las que tiene un insecto fitófago. Esto es, obviamente, lo mismo que ocurre si comparamos la dentición o los músculos de la mandíbula de mamíferos carnívoros como el león o el perro, y herbívoros como pueda ser el caballo o el rinoceronte. Los paleontólogos examinamos estos elementos en los organismos fósiles, incluidos los insectos, para poder interpretar el modo de vida de organismos que no existen en la actualidad.

Como se indicó anteriormente, los distintos grupos de insectos poseen una alimentación muy variada (cazadores, herbívoros, frutívoros, libadores de néctar, chupadores de sangre...) por lo que existen muy diferentes tipos de bocas especializadas. La boca de los insectos se encuentra rodeada de diversos apéndices denominados piezas bucales que varían de acuerdo con el tipo de dieta. Las partes de la boca consisten principalmente en tres pares de apéndices, cada uno correspondiente a un segmento fusionado. Estos son de delante a atrás: mandíbula, maxila (o mandíbulas secundarias) y labium (labio inferior formado por la fusión de dos apéndices).

La función de las maxilas y el labium es capturar y sujetar el alimento mientras que las mandíbulas lo cortan, para posteriormente introducirlo en el interior de la boca. Otros apéndices, denominados palpos, tienen una función sensorial y se emplean para examinar el alimento. Estos apéndices son los que presentan por ejemplo las libélulas, avispas, cucarachas y saltamontes. No obstante, los insectos que se alimentan de líquidos presentan una amplia modificación de las piezas bucales. En el caso de las mariposas las mandíbulas no existen y la boca y distintos apéndices presentan una forma alargada para succionar el néctar. Las moscas tampoco presentan mandíbulas. En los mosquitos y los tábanos la mandíbula está bien desarrollada, siendo larga y acicular, lo que permite perforar la superficie de la piel de los mamíferos para succionar sangre.

## 5.2 Tórax

El tórax de los insectos ocupa la parte central del cuerpo y es una parte de especial relevancia ya que de él salen las extremidades: tres pares de patas articuladas y dos pares de alas. El tórax se divide en tres partes o segmentos denominados protórax, mesotórax y metatórax citados de delante a atrás. Cada uno de los segmentos tiene un par de patas. En cuanto a las alas, un par se articula en el mesotórax y otro en el metatórax. En los insectos que tienen un solo par de alas, estas se articulan en el segmento intermedio, el mesotórax. En muchos grupos de insectos el mesotórax y el metatórax se encuentran fusionados y es realmente difícil diferenciarlos. El mesotórax suele ser el segmento mejor desarrollado de los tres.

Las patas de los insectos se caracterizan, como en todos los artrópodos, por estar articuladas. Presentan una amplia diversidad de formas y adaptaciones. Así, muchos ortópteros, como los saltamontes, presentan las patas traseras muy desarrolladas y especializadas para el salto. Los piojos tienen en el extremo de las patas delanteras una especie de garfio para agarrarse al pelo de los mamíferos. Las patas de los escarabajos nadadores son flecadas y aplanadas como remos, para poder propulsarse en el medio acuático; es el caso también de los belostomátidos (cucarachas de agua) y los notonéctidos (o nadador de espalda). Las mantis presentan las patas anteriores prensiles para poder capturar y sujetar a sus presas.

Las patas se componen de cuatro partes principales. La coxa es el primer segmento, que se articula con el cuerpo, a continuación se encuentra el fémur, que generalmente es el segmento más grueso. Seguidamente está la tibia, que puede ser tan larga o más que el fémur, pero normalmente más delgada. El último segmento se denomina tarso o pie y se compone a su vez de varios segmentos menores, pudiendo finalizar en una o dos uñas.

Las alas de los insectos, al igual que ocurre con las patas, son extremadamente variadas. La mayoría de los insectos tiene alas, aunque algunos de los grupos más primitivos no poseen; es el caso de los tisanuros (pececillos de plata), dipluros y colémbolos. También faltan en parásitos como los piojos y las pulgas. Otros insectos, como las hormigas, presentan formas aladas que tras aparearse pierden las alas, y formas sin alas (ápteras), como son las obreras. En otros insectos las alas se han atrofiado y no sirven para el vuelo; es el caso de numerosos insectos palo o de algunos grillos de matorral. En las moscas y otros dípteros solo las alas traseras se encuentran atrofiadas y convertidas en estructuras especializadas en el control y estabilización del vuelo denominadas halterios o balancines. El insecto tipo posee dos pares de alas que pueden ser membranosas y funcionales para el vuelo, como ocurre en las mariposas o libélulas, o bien el par anterior de alas puede ser bastante resistente y actuar realmente como protección del par de alas posteriores que son las que realmente funcionan para el vuelo, como ocurre en muchos escarabajos (coleópteros), saltamontes (ortópteros) o chinches (hemípteros). Se denomina tégmenes a las alas endurecidas, coriáceas, como las de los saltamontes y cucarachas, que protegen a las posteriores pero que siguen presentando forma de ala. Aquellas alas más endurecidas, córneas, que protegen totalmente a las alas posteriores, como ocurre en los coleópteros, se denominan élitros. Los élitros tapan totalmente las alas posteriores cuando el escarabajo no está en vuelo y por esta razón los escarabajos dan la apariencia de no tener alas.

Las alas membranosas se caracterizan por su venación, que se compone de un número de venas variable que se bifurcan numerosas veces. Las alas membranosas a su vez pueden estar cubiertas de escamas, tal y como ocurre en las mariposas, o de pelos como es el caso de las frigáneas.

Los insectos fueron los primeros organismos que volaron, los primeros con el poder de conquistar el cielo, al menos 90 millones de años antes (puede incluso que 170 millones de años antes) que los primeros vertebrados alados, los pterosaurios, que aparecieron hacia finales del Triásico. Los insectos son además los únicos invertebrados con la facultad de volar. El primer efecto de las alas en un organismo es la habilidad de dispersarse más rápido y a más distancia. Un insecto volador puede explotar nuevos hábitats y puede migrar con más facilidad si las condiciones se tornan adversas allá donde se encuentra. Por otro lado, algunos insectos emplean las alas para termorregularse adquiriendo calor de la luz solar para recuperarse del frío de la noche cuando amanece. Esta termorregulación se relaciona principalmente con las alas porque los músculos que las mueven necesitan una temperatura crítica para funcionar de manera óptima. En algunos insectos los poderosos músculos que mueven las alas se contraen vigorosamente mientras que las alas se mantienen quietas, lo que genera rápidamente el calor necesario para poder volar. Las alas anteriores de algunos insectos, como los coleópteros (p. ej., escarabajos) o los hemípteros heterópteros (p. ej., chinches) se emplean entre otras funciones como una protección. Los élitros, alas anteriores muy rígidas que presentan los coleópteros, protegen el abdomen y las alas posteriores. Otros insectos, como las mantis y algunos insectos palo, presentan unas alas cuyo color, forma y textura ayuda a camuflarlos. Otros insectos emplean las alas para crear sonidos.

Con la aparición de las alas, las capacidades neurales se expandieron para controlar las alas y alcanzar una mejor integración de los sentidos, sobre todo la vista. En la actualidad, aquellos insectos con una mayor capacidad de aprender, y con una visión y un olfato más agudos, son los predadores y polinizadores con vuelo activo. Por lo tanto, la aparición de las alas debió de dar lugar a una rápida diversificación de los insectos, un verdadero salto evolutivo.

Desafortunadamente, no hay estructuras fósiles primitivas, ni actualmente en los grupos más primitivos existentes en hexápodos o en otros artrópodos, que expliquen fácilmente cómo surgieron las alas, a partir de qué tejido o apéndice se formaron. ¿A partir de qué elemento morfológico se formaron las alas? El interrogante sigue abierto.

Algunas propuestas apuntan a que las alas evolucionaron a partir de expansiones laterales procedentes de los lóbulos torácicos, y la articulación alar del primer segmento de la pata (coxa). Los exitos estaban en movimiento continuo y su función era posiblemente respiratoria y de ventilación en ecosistemas acuáticos (su continuo movimiento hacía circular más oxígenos hacia los espiráculos). Una vez que los artrópodos primitivos colonizaron tierra firme estos apéndices tuvieron una función locomotora. Los primeros haxápodos presentaban tres pares de estas expansiones o protoalas en correspondencia con los tres segmentos torácicos.

## 5.3 Abdomen

El abdomen de los insectos es la parte posterior al tórax. Es una de las partes del organismo en la que mejor se observa el carácter segmentado. El número de segmentos es variable, llegando a los 11 segmentos en algunos grupos en estado adulto. Cada segmento tiene dos placas, una dorsal denominada terguito y otra ventral denominada esternito. En algunos insectos el extremo posterior del abdomen suele llevar unos apéndices denominados cercos, como es el caso de los pececillos de plata (tisanuros) o de las tijeretas (dermápteros), que forman una especie de pinzas. Los machos de las libélulas (odonatos) y de los saltamontes (ortópteros) emplean los cercos para sujetar a la hembra en el apareamiento.

Los órganos reproductores suelen encontrarse en la parte posterior del abdomen, en los segmentos 8 y 9, normalmente ubicados en el interior. En las hembras de algunos insectos sobresale un órgano, más o menos puntiagudo, que se emplea para la puesta de huevos, denominado ovopositor. En algunos insectos sociales en los que existe una reina, el resto de hembras obreras tiene el ovopositor modificado a aguijón; es el caso, por ejemplo, de avispas y abejas.

6

# Ciclo vital de los insectos

LOS INSECTOS NACEN A PARTIR DE UN HUEVO QUE ESTÁ PROTEGIDO POR UNA ENVUELTA PROTEICA RESISTENTE, RELATIVAMENTE IMPERMEABLE, Y EN OCASIONES ORNAMENTADA CON MANCHAS O ESTRÍAS. Los huevos de algunas especies pueden sobrevivir largo tiempo sin eclosionar y soportar condiciones muy adversas como son las sequías o las heladas. Normalmente, los huevos están puestos junto a la fuente de alimento de las larvas. En algunos casos, los menos, los huevos eclosionan en el interior de la hembra (ovovivíparos), por lo que puede dar la apariencia de que no nacen a partir de un huevo.

Los insectos al nacer raramente tienen parecido con el estado adulto, con la excepción, por ejemplo, de los insectos palo y algunos otros grupos. Las larvas de los insectos carecen siempre de alas y pueden tener un modo de alimentación, e incluso un modo de vida, muy diferente al de los adultos. Es el caso de las libélulas, cuyas ninfas (ejemplares juveniles) viven durante largo tiempo en el medio acuático.

Las larvas pasan al estado adulto por medio de un proceso de cambio denominado metamorfosis. Existen dos tipos de insectos de acuerdo con el tipo de metamorfosis y el desarrollo de las alas: exopterygota y endopterygota. Aquellos insectos que tienen fases juveniles con un aspecto parecido al de los adultos se denominan exopterigota. En estos insectos las fases juveniles, denominadas ninfas, viven en lugares similares a los adultos y tienen un modo de vida y de alimentación parecido. Presentan un cambio

*Thaumetopoea herculeana.* Mancha Real (Jaén).

gradual de estado juvenil a estado adulto que se va produciendo con cada muda a partir de distintas metamorfosis parciales en las que las alas se desarrollan gradualmente en el exterior del cuerpo. Es el caso de los saltamontes y las chinches, entre otros (Figura 6). A este tipo de juveniles se le denomina ninfa.

El otro grupo se denomina endopterigota (con rango de superorden) e incluye a las mariposas, escarabajos, moscas, abejas y avispas, entre otros. En los endopterygota las alas se forman en el interior del cuerpo durante una metamorfosis completa. Las formas juveniles no muestran rastro alguno del desarrollo de las alas y no se parecen en nada a los ejemplares en estado adulto, y pueden vivir en hábitats y tener una alimentación claramente diferentes de los adultos. A estas formas juveniles se les denomina larvas. En las distintas mudas no van presentando cambio alguno respecto a la morfología larvaria, excepto en la última muda en la que presentan el tamaño adecuado. En este momento se forma una pupa o crisálida de la que emergerá con la forma adulta.

Otros términos empleados en relación con el proceso de metamorfosis son hemimetábolo y holometábolo. Los organismos hemimetábolos no presentan una metamorfosis completa y las alas son esbozos en el tórax que se van desarrollando poco a poco tras cada fase larvaria, es decir son exopterigotos. Los insectos holometábolos presentan una metamorfosis completa y forman una pupa cuando pasan del estado de larva al de adulto, y durante esta metamorfosis aparecen las alas, es decir, son endopterigotos. Un típico ejemplo de insectos holometábolos son las mariposas (lepidópteros).

**Figura 6**
Desarrollo ontogenético de la langosta egipcia (*Anacridium aegyptium*). A. Ejemplar juvenil con desarrollo incompleto de las alas. B. Exuvia (muda) correspondiente al paso del último estado juvenil (ninfa) al adulto. C. Ejemplar adulto con desarrollo completo de las alas y coloración de ejemplar maduro. Ejemplares procedentes de El Padul (Granada).

# 7

# Insectos de cerca

## 7.1 Thysanura: Pececillos de plata

Entre los insectos que más fácilmente podemos ver en nuestros hogares se encuentran los denominados pececillos de plata, cuyo nombre científico es *Lepisma sacharina*, perteneciente al Orden Thysanura (FIGURA 7). Realmente, el Orden Thysanura está en desuso e incluía los actuales órdenes Zygentoma y Archaeognatha. Dado su pequeño tamaño es complicado poder apreciar su morfología, más allá de que son insectos alargados que parecieran resbalar sobre la superficie, gracias a su cuerpo fusiforme y aplanado. Su forma es alargada y aplanada dorso-ventralmente. El cuerpo generalmente tiene una longitud inferior a 1 cm sin incluir los tres grandes cercos y las antenas. La superficie del exoesqueleto está revestida de escamas de color gris con brillo metálico que da un aspecto plateado, de ahí su nombre, sobre todo en las especies *Ctenolepisma longicaudata* y *Lepisma saccharina*. Presentan seis pares de patas diminutas y un abdomen relativamente largo acabado en tres largas colas o cercos que a su vez presentan diminutas cerdas. Realmente, dos de estas colas son cercos, mientras que la central, más larga, se denomima epiprocto o paracerco. El tórax de los pececillos de plata es más ancho que el abdomen lo que favorece esa apariencia de pez. La cabeza se caracteriza por tener unas antenas bastante largas y unos ojos muy pequeños y separados entre sí. Tienen una visión muy pobre y utilizan las antenas y los cercos con una función táctil. No experimentan

ODONATO FÓSIL CONSERVADO COMO UNA IMPRESIÓN SOBRE CALIZA LITOGRÁFICA.

Figura 7

Pececillo de plata (*Lepisma*), Orden Thysanura. Se puede observar su morfología fusiforme, aplanada dorsoventralmente, con superficie de apariencia escamosa, los diminutos ojos y las tres colas (dos cercos y el epiprocto central). Ejemplares procedentes de Jaén.

metamorfosis. Estos insectos suelen tener hábitos nocturnos o bien habitan en zonas rocosas umbrías y húmedas. En los hogares pueden verse en los cuartos de baño y cocinas. Sus hábitos nocturnos y el no volar justifican el desarrollo del sentido del olfato y el tacto mientras que los ojos aparecen muy poco desarrollados. Son omnívoros con preferencia por los hidratos de carbono de origen vegetal, sin embargo en los hogares también se alimentan de piel muerta incluida la caspa, pelo, papel... constituyendo un sistema de limpieza.

Los tisanuros son los insectos más primitivos que aún existen, al menos, desde mediados del periodo Devónico, hace unos 400 millones de años. Su carácter tan basal dentro de la evolución de los insectos explica que no tengan ni metamorfosis ni alas. La mayor parte de los restos fósiles de los pececillos de plata corresponde al ámbar del Cretácico y Paleógeno.

## 7.2 Odonatos: Libélulas

Las libélulas constituyen el Orden Odonata (Figuras 8 y 9). Son insectos diurnos ampliamente conocidos por todos, al menos, a grandes rasgos. Se caracterizan por su cuerpo alargado, principalmente por su abdomen de aspecto claramente segmentado y cilíndrico. Otra característica propia de las libélulas es la presencia de dos pares de alas membranosas muy largas y rígidas que en algunas de las especies de mayor tamaño producen un zumbido durante el vuelo. Como buenos voladores presentan un amplio desarrollo de los ojos que constituyen buena parte de su cabeza.

Las libélulas en estado adulto son depredadores de otros insectos como pueden ser las moscas, a las que pueden atrapar en vuelo, lo que nos permite imaginar las altas capacidades de vuelo y maniobrabilidad que tienen las libélulas. Se ha comparado a las libélulas con un helicóptero tanto por su morfología como por su maniobrabilidad ya que las libélulas pueden volar en todas direcciones y quedarse paradas en el aire. Esto, en buena medida, se debe a que sus dos pares de alas no están unidas y pueden moverse independientemente. Debido a esta capacidad de movimiento de las alas, el tórax de las libélulas es robusto. Su principal alimento son las moscas a las que capturan en emboscadas que realizan cayendo en picado y atrapándolas con sus patas espinosas, es el caso de las grandes libélulas cernícalo y las libélulas flecha (Suborden Anisoptera).

Figura 8

Libélulas (Orden Odonata). A. Libélula fósil del Jurásico superior (hace unos 160 millones de años) del sur de Alemania (Solnhofen, Museo de Eichstätt). B. Ala derecha de *Rabru rubra* del Triásico medio (245 millones de años) de Corbalán, Teruel (Museo Aragonés de Paleontología, Teruel). C. Vista ventral de una libélula actual *Gomphus simillimus* (Jaén).

Figura 9

Vista de detalle de una libélula flecha del género *Sympetrum* sp. (Quéntar, Granada). A. Vista dorsal. B. Vista dorsal del tórax y la cabeza. C. Detalle de la venación de las alas. D. Vista de la segmentación del abdomen. E. Detalle de la cabeza, con el ojo derecho en primer término.

Las libélulas de menor tamaño, como los caballitos del diablo (Suborden Zygoptera) suelen capturar sus presas entre la vegetación ya que su cuerpo es más delicado y su vuelo menos ágil.

Las libélulas cernícalo y las libélulas flecha son las más robustas. Se caracterizan por tener los dos pares de alas diferentes entre sí, con el par posterior siendo más ancho, de ahí el nombre del Suborden, Anisoptera, que significa alas desiguales. Al contrario que en los caballitos del diablo, que pliegan sus alas cuando están en reposo, las grandes libélulas mantienen las alas extendidas a los lados cuando se encuentran en reposo. En estas libélulas los ojos son tan grandes que se tocan hacia la parte superior de la cabeza, es decir, tienen una visión holóptica. Las libélulas cernícalo suelen buscar a sus presas manteniéndose en vuelo, en ocasiones prácticamente paradas en el aire. En cambio, las libélulas flecha suelen vigilar posadas desde una atalaya y salir en persecución de sus presas con gran velocidad, como flechas.

Las libélulas ponen los huevos en el agua. Las ninfas también son depredadoras muy activas que se alimentan de animales acuáticos. Para cazar emplean unas espinas en la mandíbula inferior que es característicamente extensible y que recuerda ligeramente a la mandíbula de *alien*, de la saga de películas, y que recibe el nombre de máscara. Las ninfas de las libélulas cernícalo y libélulas flecha pueden tardar hasta cinco años en alcanzar el tamaño y madurez adecuados para pasar a estado adulto. En el caso de los caballitos del diablo, el ciclo vital es más corto, de un año. Las cutículas de la ninfa pueden encontrarse al final de la primavera en las plantas de la orilla de arroyos, estanques y charcas.

Existe una amplia variedad de especies de libélulas, si bien en muchas áreas de España su abundancia ha disminuido drásticamente debido a la aplicación de químicos en los cultivos pero principalmente por la contaminación de los cauces de los ríos.

Los ancestros de las libélulas, los gerópteros y protodonatos se encuentran entre los insectos voladores más característicos del Carbonífero superior, hace entre 318-300 millones de años. Algunas de estas libélulas paleozoicas fueron gigantes, alcanzando los 70 cm, como es el caso de la *Meganeura*. El insecto jurásico de mayor tamaño descubierto hasta ahora es una libélula, *Hemerobioides giganteus,* con una longitud de 17 cm pero llegando a los 24,9 cm de envergadura con las alas extendidas, procedente del Bathoniense de Inglaterra. *Prohoyaeshna milleri*, otro odonato procedente del Barremiense de Inglaterra, es el insecto más grande del Cretácico con 12,5 cm de longitud y 19,8 cm de envergadura de alas. Los odonatos durante el Triásico también alcanzaron grandes tamaños aunque no ostentaran el récord de insecto más grande, encontrándose en el Triásico de Francia *Triadotypus guillaumei* (sinónimo de *Reisia gelasii*) con una envergadura de 28 cm.

En la Península Ibérica se han encontrado ejemplares de libélula fosilizados, como *Rabru rubra* procedente del Triásico medio (245 millones de años) de Corbalán (Teruel), las familias de libélulas Cymatophlebiidae y Aktassiidae del tránsito Jurásico-Cretácico (145 millones de años) en el Geoparque de Las Loras (provincias de Burgos y Palencia), y algunos gomphidos del Cretácico inferior (Barremiense 125-110 millones de años) de Las Hoyas (Cuenca).

## 7.3 Plecópteros: Moscas de las piedras

El Orden Plecoptera, cuyos componentes son vulgarmente conocidos como moscas de las piedras, está constituido por insectos con una fase larvaria acuática. Poseen una metamorfosis incompleta o hemimetabolismo donde los estadios ninfales son acuáticos y los adultos voladores. Las ninfas son acuáticas y viven en partes profundas de lagos y arroyos. Estas ninfas tienen el cuerpo alargado y aplanado, adaptado para la vida en el fondo de cauces y lagunas. Presentan unos fuertes músculos abdominales que les permiten nadar con ondulaciones laterales del cuerpo. Tienen un aparato bucal masticador, largos cercos y antenas. Las ninfas de los plecópteros son esencialmente cazadoras de otros artrópodos acuáticos, aunque algunos géneros se alimentan de algas y plantas acuáticas. Antes de alcanzar el estado adulto pasan por sucesivas transformaciones (ecdisis). Los plecópteros son muy sensibles a la contaminación de las aguas y su existencia en un cauce se ha empleado normalmente para identificar la buena calidad de las mismas.

Los especímenes adultos viven en tierra firme pero normalmente cerca de los cauces. Tienen un vuelo poco eficaz, generalmente torpe, y algunas especies ni siquiera vuelan. Son generalmente grandes, alcanzando los 3,5 cm los machos y hasta 7 cm las hembras. Sus alas son membranosas, parecidas a las de las libélulas, pero a diferencia de estas, las alas en reposo se pliegan sobre el abdomen (Figura 10). Las antenas de los adultos también son muy largas. Los adultos no presentan nunca colores llamativos. Muchas especies en estado adulto no se llegan a alimentar.

**Figura 10**
Vista dorsal de un plecóptero, posiblemente *Dinocras cephalotes* (Arbuniel, Jaén).

Los plecópteros se encuentran entre los insectos más antiguos, cuyos ancestros datan de inicios del periodo Pérmico, pero los grupos actuales de neurópteros se desarrollaron durante el Mesozoico.

## 7.4 Ortópteros: Saltamontes y grillos

Los ortópteros constituyen uno de los grupos con un registro fósil más extenso, originándose probablemente durante el Pérmico inferior o incluso el Carbonífero, los denominados protortópteros. Por lo tanto, es un grupo que ha sobrevivido a tres de las cinco grandes extinciones en masa, la del límite Pérmico/Triásico, la del final de Triásico y la del límite Cretácico/Paleógeno. El insecto de mayor tamaño del Triásico fue un titanóptero con bastantes similitudes a los ortópteros pero también a las mantis, *Gigatitan similis*, que alcanzó los 19 cm de longitud y tenía una envergadura de alas de 38 cm. Ha aparecido en materiales del Triásico de Kirguistán. El Orden Orthoptera se caracteriza entre otros rasgos por presentar una mandíbula masticadora, fácilmente reconocible a simple vista ya que suelen tener un tamaño que facilita las observaciones. La metamorfosis es sencilla (son hemimetábolos). El par de alas delanteras, en aquellos grupos que las preservan, está endurecido y recubre al par de alas posteriores que se pliega debajo como un abanico, siendo alas membranosas.

### 7.4.1 Saltamontes

Los saltamontes (Familia Acrididae) son el grupo más abundante dentro de los ortópteros (Figura 11). Son insectos herbívoros de aspecto robusto y alargado que se caracterizan por presentar el par de patas traseras muy largas y fuertes, totalmente adaptadas para el salto. La superficie dorsal del tórax, el pronoto, se encuentra muy desarrollada. Como es común en los ortópteros, las alas anteriores son más recias y gruesas que el par de alas posteriores. En muchas especies las alas cubren totalmente el abdomen cuando el saltamontes se encuentra en reposo. Aunque por lo general los saltamontes no son buenos voladores, algunos acrídidos como las langostas pueden volar grandes distancias. Presentan una mandíbula mordedora con unos palpos bien desarrollados.

En algunos saltamontes los machos emiten un sonido que sirve para atraer a las hembras. Este sonido, la estridulación, suele producirse al frotar las patas posteriores con las alas anteriores, concretamente por la fricción de las pequeñas protuberancias que se encuentran en el fémur de las patas saltadoras. El sonido depende del tamaño y distancia entre estas protuberancias y de la velocidad de fricción. Los órganos auditivos se encuentran a los lados del cuerpo. Las hembras son generalmente más grandes que los machos. Los saltamontes, al igual que el resto de los ortópteros, nacen a partir de huevos que eclosionan a partir de primavera. No existe una fase de pupa, pero sí varias fases de ninfa antes de llegar a adultos (es decir, son exopterigotos).

Los saltamontes son herbívoros y se alimentan fundamentalmente de hojas, aunque también pueden alimentarse de fruta y semillas. Tienen un comportamiento diurno y suelen presentar una coloración que se asemeja a la del entorno con el que se camuflan. Se encuentran en prados, bosques, matorrales y campos de cultivo. Las patas traseras presentan unas espinas afiladas en la mayoría de las especies, que pueden emplear para arañar a posibles predadores cuando mueven sus poderosas patas intentando saltar y escapar. Este hecho es fácilmente comprobable si uno captura con las manos una langosta o cigarrón, como se les llama en algunas zonas de Andalucía. Algunos saltamontes presentan alas muy brillantes y coloridas que despliegan durante el vuelo. Según algunos entomólogos, las emplean para que los predadores, generalmente aves, fijen su atención en los colores cuando los van persiguiendo, pero queden desconcertados cuando el saltamontes pliega las alas y los colores desaparecen súbitamente.

A
B
C
D
E
F
2 mm
2 mm
2 mm
5 mm
Anacridium
Chortippus

Los saltamontes más grandes son las langostas, que tienen la particularidad de que en ocasiones tienen un comportamiento gregario, es decir, se desplazan y alimentan en grupo. En el África subsahariana, este comportamiento da lugar a grandes grupos que pueden ser de miles a millones de individuos, lo que junto a su alta capacidad de vuelo y su voracidad, los convierte en una plaga de dimensiones bíblicas. No obstante, en la Península Ibérica las langostas o cigarrones suelen tener un comportamiento solitario y no causan grandes perjuicios a la agricultura. La langosta egipcia (*Anacridium aegyptium*) es una de las más comunes en Andalucía y otras zonas del sur peninsular. Puede superar los 6 cm de longitud en el caso de las hembras y se pueden observar casi todo el año. Las ninfas presentan unas alas muy cortas no aptas para el vuelo y un color verde intenso o pardo.

Otros grandes saltamontes son los correspondientes al género *Eumigus* (Familia Pamphagidae) caracterizados por un largo abdomen expuesto por la carencia de alas, así como movimientos generalmetne lentos y torpes. *Eumigus* puede llegar casi a los 10 cm de longitud, siendo de mayor tamaño las hembras, que pueden ser el doble de grandes que los machos. Alguna especie, como *Eumigus rubioi* ha sido descrita como endemismo de Sierra Nevada, aunque curiosamente durante la elaboración de esta obra se ha encontrado un ejemplar en la Cala del Peral (Algeciras, Cádiz; Figura 12).

En el registro fósil español son especialmente abundantes los ortópteros de la Familia Acrididae en los depósitos bituminosos de Rubielos de Mora (Teruel) que datan del Mioceno inferior.

**Figura 11**
Saltamontes (Orden Orthoptera, Familia Acrididae). A. Ejemplar juvenil de langosta egipcia *Anacridium aegyptium* (El Padul, Granada). B. Detalle de la cabeza de *A. aegyptium*. C. Espinas de las patas traseras saltadoras de *A. aegyptium*. D. Saltamontes gris indeterminado, posiblemente un juvenil (Jaén). E y F. Vistas lateral izquierda y dorsal de *Chortippus* sp. (nota, antenas desprendidas durante la manipulación) (Jaén).

**Figura 12**
Especimen de *Eumigus rubioi* (Familia Pamphagidae) encontrado en los matorrales costeros cercanos a la Cala del Peral (Algeciras). Esta especie ha sido descrita anteriormente como un endemismo de la alta montaña de Sierra Nevada.

A
Ephippiger
1 cm
B
5 mm
C
2 mm
D
Steropleurus
1 cm
E
Ruspolia
2 mm
F
Ruspolia
2 mm

## 7.4.2 Grillos

Dentro de los denominados grillos se puede diferenciar entre los denominados grillos de matorral o grillas (Familia Tettigonidae) y los grillos verdaderos (Familia Gryllidae).

Los grillos de matorral o grillas, como se les llama en algunas zonas de La Mancha, son organismos omnívoros que se alimentan principalmente de vegetales pero que en ocasiones pueden alimentarse de otros insectos o de materia orgánica en descomposición (FIGURA 13). Algunas especies son exclusivamente carnívoras. Los hay tanto diurnos como nocturnos, siendo muy activos durante el crepúsculo. Se caracterizan por tener unas antenas muy largas, mucho más que las de los saltamontes. Las hembras tienen en el extremo posterior del abdomen un órgano alargado en forma de cuchilla denominado ovopositor cuya misión es poner los huevos. Las especies con un ovopositor más pequeño ponen los huevos en las plantas mientras que aquellas con un ovopositor más largo los ponen en el suelo. Aquellos grillos de matorral que emiten sonidos lo hacen frotando las alas. Los órganos auditivos se encuentran en las patas anteriores. Las patas traseras, las saltadoras, son más delgadas y largas que en los saltamontes. Al igual que en los saltamontes, la tibia de las patas traseras presenta unas espinas a modo de sierra que puede emplear para defenderse. Muchos grillos de matorral carecen de alas o son extremadamente pequeñas e inútiles para el vuelo. Además, muchos de los grillos de matorral presentan dificultades para escapar ya que sus patas traseras están menos adaptadas al salto que en los saltamontes, no pueden volar y además no tienen patas adaptadas para la carrera. Es el caso de los géneros *Ephippiger*, *Isophya*, *Pholidoptera* o *Polysarcus* entre otros. En estos casos, el exoesqueleto es mucho más grueso y resistente que en saltamontes y grillos verdaderos, lo que sirve como protección. Por otro lado, se debe tener prevención a la hora de coger uno de estos insectos ya que, al contrario que los saltamontes, estos ortópteros pueden proporcionar dolorosos bocados.

Los denominados grillos verdaderos son aquellos que generalmente reconocemos cuando pensamos en el canto de un grillo (FIGURA 14). Los machos suelen cantar, si bien el sonido no lo producen con la "boca" sino que lo producen frotando las alas entre sí. Como se indicó anteriormente, este proceso se denomina estridulación y sirve, al igual que en el resto de ortópteros, para que las hembras localicen a los machos. Las patas traseras saltadoras son más cortas que en saltamontes y grillos de matorral lo que facilita la

**Figura 13**

GRILLOS DE MATORRAL (ORDEN ORTHOPTERA, FAMILIA TETTIGONIDAE). A. *EPHIPPIGER* SP. CON SU CARACTERÍSTICO OVOPOSITOR DE GRAN LONGITUD DE LA SIERRA ALMIJARA (GRANADA). B Y C. VISTAS DORSAL Y LATERAL DERECHA DE UN TÍPICO GRILLO DE MATORRAL EN LAS QUE SE MUESTRA LA PRESENCIA DE UNAS ALAS MINÚSCULAS, VESTIGIALES (JAÉN). D. VISTOSO EJEMPLAR DE *STEROPLEURUS* SP. DE UÑA, SERRANÍA DE CUENCA (CUENCA). E Y F. GRILLO VERDE *RUSPOLIA* SP. CON SU CARACTERÍSTICO ROSTRO ALARGADO Y ANTENAS GRUESAS (E) Y LAS ALAS QUE ASEMEJAN HOJAS PARA UN PERFECTO CAMUFLAJE (JAÉN).

**Figura 14**

Grillos verdaderos (Orden Orthoptera, Familia Grillidae). A. Vistas dorsal (arriba) y ventral (abajo) de un grillo de criadero para alimentación de reptiles caracterizado por sus largas antenas y largos cercos. B. *Melanogryllus desertus* procedente de El Padul (Granada).

carrera además del salto. Son vegetarianos u omnívoros. El ovopositor en las hembras tiene forma de aguja recta. Viven en numerosos tipos de ambientes como en casas de campo, cultivos, prados, jardines y basuras.

Merece especial atención el grillo topo (*Gryllotalpa grillotalpa*) ya que su morfología se aparta un poco del modelo del resto de ortópteros (Figura 15). A este grillo también se le denomina alacrán cebollero por el color que claramente recuerda al de un alacrán. Como se puede deducir de su propio nombre, es un insecto excavador. La principal adaptación a este modo de vida es el desarrollo de unas patas anteriores, grandes y planas, que emplea poderosamente para excavar. Sus alas anteriores son muy cortas pero en cambio las posteriores están bien desarrolladas y las emplea para volar en las tardes de verano. Sus antenas son más cortas que en el resto de grillos. En general, tienen cierto parecido a un topo. Habitan en tierras de cultivo cercanas a cursos de agua.

**Figura 15**

Grillo topo o alacrán cebollero, *Grillotalpa grillotalpa*, procedente del Barranco Luna (Albuñuelas, Granada). Entre sus adaptaciones a la excavación se encuentran unas fuertes patas delanteras que recuerdan a las de un topo.

## 7.5 Dictiópteros: Cucarachas y mantis

El Orden Dictyoptera tiene especies tan dispares como las cucarachas saprófagas y las mantis depredadoras y las termitas altamente sociales y consumidoras de celulosa.

### 7.5.1 Blatodeos: Cucarachas

Las cucarachas son dictiópteros del Suborden Blattodea (Figura 16). De siempre se ha dicho popularmente que las cucarachas son insectos muy antiguos, pero las familias modernas de cucarachas aparecieron en el Cretácico, hace unos 140 millones de años. No obstante, sus ancestros derivaron de un grupo de insectos similares a las cucarachas que existieron durante el Paleozoico y fueron muy abundantes en las ciénagas y turberas del Carbonífero hace algo más de 300 millones de años.

Estos insectos se caracterizan por su cuerpo aplanado dorso-ventralmente con patas largas y muy espinosas, y antenas extremadamente largas. El pronoto (parte dorsal de protórax) de las cucarachas es extremadamente amplio y recubre buena parte de la cabeza a modo de casco; es lo que se denomina disco. Las alas anteriores son de tipo coriáceo, mientras que las posteriores son membranosas, sin embargo muchas cucarachas carecen de alas. Por lo general, las cucarachas no vuelan o lo hacen solo algunas especies en verano al anochecer. Las cucarachas presentan un par de cercos laterales al final del abdomen. Estos insectos ponen los huevos en una especie de cápsula denominada ooteca que transportan las hembras y de la cual se desprenden cuando las larvas van a salir de los huevos. Algunas cucarachas pueden generar a lo largo de su vida hasta ocho ootecas, lo que puede suponer cientos de crías. Las cucarachas pueden vivir hasta un año. Habitan en el suelo, muchas veces en edificios. Corren con gran rapidez y suelen tener hábitos nocturnos. Las cucarachas se orientan sobre todo con sus largas antenas que les permiten captar vibraciones, humedad y temperatura. Estudios recientes han demostrado que son capaces de ver en condiciones de oscuridad casi absoluta. Son organismos omnívoros que se alimentan preferentemente de materia muerta para lo que emplean unas poderosas piezas bucales masticadoras, algo característico del Orden Dyctioptera. Experimentos realizados han demostrado que prefieren alimentos ricos en almidón, azúcar o grasas. Algunas cucarachas pueden superar los 4 cm, como ocurre con la cucaracha negra o común (*Blatta orientalis*) o la cucaracha americana (*Periplaneta americana*), mientras que otras

**Figura 16**
Cucarachas (Orden Dyctyoptera, Suborden Blattodea). A y B. Pequeña cucaracha de campo *Loboptera decipiens* (Gor, Granada). C. Cucaracha común *Blatta orientalis* (El Padul, Granada). D y E. Detalles anatómicos de la cucaracha rubia o alemana *Blattella germanica* en vista ventral (El Padul, Granada).

A
2 mm
B
2 mm
Loboptera decipiens
C
2.5 mm
Blatta orientalis
D
3 mm
Blattella germanica
E
3 mm

**Figura 17**

A. *Empusa* pennata procedente del Geoparque de la Subbética (Córdoba). B. Ooteca (Castillo Puerta Arenas, Jaén). C y D *Mantis religiosa* alimentándose de un saltamontes procedente de El Padul (Granada).

especies, como *Loboptera decipiens* o las especies del género *Ectobius,* son de un tamaño mucho menor que puede no superar el centímetro. Las cucarachas son extremadamente resistentes a la falta de alimento o de agua, e incluso se ha demostrado que pueden soportar niveles de radioactividad de hasta 7 veces más que el hombre. Se han descrito cucarachas fósiles en el yacimiento del Cretácico inferior de Las Hoyas (Cuenca) en el que se ha definido el género *Hispanoblatta*.

### 7.5.2 Mantodeos: Mantis religiosas

Las mantis pertenecen al Orden Dyctyoptera, como las cucarachas, pero al Suborden Mantodea y presentan unas características claramente diferenciadoras (Figuras 17 y 18). Estos carnívoros tienen el cuerpo alargado y estrecho. Su tórax es muy delgado y se asemeja a un cuello. En el tórax se encuentra su único oído. La cabeza presenta una gran movilidad, hasta 180°, algo poco habitual en los insectos. Tanto las patas como las antenas son extremadamente largas. El fémur del par de patas delantero es largo y grueso, con hileras de espinas en la superficie ventral que encajan con las espinas de la superficie ventral de la tibia formando una especie de mandíbula o pinza con la que atrapa a sus presas. La forma de las patas delanteras y las espinas facilitan la sujeción de la presa mientras la devoran (Figura 17). Tienen un apetito voraz y devoran a sus presas en pocos minutos ayudados por sus palpos y piezas masticadoras. Presentan unas alas largas membranosas con aspecto vegetal lo que facilita su camuflaje (Figura 18).

Los principales hallazgos descritos de mantis fósiles corresponden a ejemplares del periodo Cretácico de la región euroasiática. Sin embargo, es posible que la especie *Regiata scutra* del Jurásico inferior de Dorset, sur de Inglaterra (de entre 200 y 175 millones de años), sea una mantis primitiva. El grupo más diverso es la Familia Mantidae, que comprende el 90% de todas las especies actuales y que se diversificó tras la extinción del final del Cretácico, en el Paleógeno principalmente.

Uno de los ejemplares fósiles más antiguo del mundo, hasta la fecha, proviene del yacimiento de ámbar de San Just, en Utrillas (Teruel), correspondiente al periodo Cretácico, con una edad de 105 millones de años. Se trata de una ninfa de mantis religiosa de una nueva especie que se ha denominado *Aragonimantis aenigma* y se conserva en el Museo Aragonés de Paleontología.

Como buenas cazadoras, las mantis presentan unos ojos compuestos especialmente grandes, que pueden alcanzar los 4 mm, y tres ojos simples entre ellos. Los ojos compuestos son saltones (exoftálmicos) con un amplio campo frontal y fóvea, es decir, un área de la retina donde se enfocan los rayos luminosos y se encuentra especialmente capacitada para la visión del color. La fóvea está constituida por un punto en el que las facetas que componen el ojo tienen una resolución mayor. La mantis tiene una visión binocular excepcional entre los insectos. Su vista es una de sus principales herramientas para la caza. La mantis está continuamente

limpiando sus ojos y cabeza, principalmente después de alimentarse, empleando un conjunto de finos pelos localizados en la parte interna de los fémures delanteros.

Los colores más habituales son verde, marrón e incluso amarillo, lo que les sirve de camuflaje para ocultarse de enemigos como aves, mamíferos o reptiles, pero también para realizar emboscadas. La mantis suele permanecer inmóvil, como lo hiciera un camaleón, mientras la presa se acerca. Sus patas delanteras suelen estar recogidas, flexionadas bajo su cabeza. La mantis mueve su cabeza, inusualmente móvil para un insecto, y el protórax para fijar sobre su presa el campo de visión de la fóvea y evaluar cuidadosamente la distancia a la que se encuentra la presa. Cuando calcula que la presa se encuentra lo suficientemente cerca realiza un ataque veloz lanzando sus patas delanteras con las que pinza a su presa. La presa es devorada viva, en cuanto es atrapada. La *Mantis religiosa* puede alcanzar los 7 cm y se alimenta principalmente de ortópteros y mariposas, pero puede también cazar otros insectos e incluso pequeñas lagartijas y ranas. La efectividad de las mantis como cazadoras viene dada por su visión, la morfología de sus patas delanteras cazadoras, la rapidez de su ataque y el camuflaje.

Son animales solitarios salvo en la época de reproducción. En caso de que varios machos se disputen a una hembra, estos se pelean y sólo el vencedor se reproduce. El macho es más pequeño que la hembra y suele ser devorado por la hembra durante o tras el apareamiento. La hembra pone los huevos en otoño en ootecas con apariencia espumosa que al secarse adquieren un aspecto de celulosa y que suele adherir a piedras. La ooteca protege los huevos durante el invierno, pero solamente unos pocos sobreviven ya que los primeros en salir del huevo devoran a sus hermanos. Pueden vivir hasta un año durante el cual efectúan un total de 6 mudas. El color del adulto es variable dependiendo del medio en el que se encuentre durante su última muda. Así, tendrá un color verde si se encuentra entre la hierba, marrón o pardo si está en el suelo y amarillo si está entre la hierba seca del final del verano.

Comúnmente se las denomina en algunas localidades santateresas debido a la postura de sus patas anteriores plegadas que pudieran recordar a una persona rezando.

### 7.5.3 Isópteros: Termitas

Están estrechamente relacionadas con las cucarachas, ya que ambos grupos compartieron ancestros comunes durante el Carbonífero y el Pérmico. Hasta fechas recientes, las termitas estaban clasificadas en el Orden Isoptera, pero en la actualidad se han incluido como un infraorden de Dictyoptera. Las termitas son insectos sociales que forman grandes colonias controladas por un rey y una reina.

**Figura 18**
Vista de detalle de *Mantis religiosa* (Orden Dyctyoptera, Suborden Mantodea). A y B. Postura recogida de las patas delanteras, armadas de espinas que emplea para herir y sujetar a sus presas. C. Extremo distal del abdomen donde se obervan dos cercos. D. Vista dorsal de las alas con clara semejanza a una hoja. Nota: los ejemplares pierden con rápidez la fóvea una vez mueren (ver ojos en A y B). Ejemplar procedente de El Padul (Granada).

Se pueden diferenciar además distintas castas sociales, siendo las más abundantes las obreras juveniles. Las termitas soldado son más grandes y presentan unas enormes mandíbulas para acometer las funciones de defensa de la colonia. Las termitas tienen un cuerpo relativamente blando caracterizado por un abdomen muy alargado. Solamente tienen alas las formas reproductoras en etapas juveniles. Estas alas son muy parecidas, de ahí el nombre de isópteros que significa alas iguales. Una vez que se han apareado pierden las alas y se convierten en reyes o reinas que fundan su propia colonia. Se alimentan principalmente de celulosa y resultan difíciles de observar dado su pequeño tamaño y su preferencia por lugares oscuros (comportamiento esciáfilo). En ocasiones se producen plagas que pueden causar serios problemas en viviendas antiguas donde uno de los principales materiales de construcción es la madera.

Las termitas están asociadas simbióticamente con unos protozoos que poseen en su aparato digestivo que hacen posible la digestión de la celulosa de la madera que consumen.

## 7.6 Fásmidos: Insectos palo

Los insectos palo (Orden Phasmida) son insectos característicamente alargados, tanto en su cuerpo como sus extremidades, lo que, junto a sus movimientos lentos, les permite pasar desapercibidos adquiriendo la apariencia de un tallo, de ahí su nombre, aunque algunos insectos palo de zonas tropicales tienen apariencia más bien de hoja; son los denominados insectos hoja. Todos ellos son herbívoros que se alimentan preferentemente de hojas. Presentan largos palpos maxilares y labiales, con bastante movilidad, con los que se ayudan al comer.

Las hembras suelen ser más comunes y pueden reproducirse por partenogénesis, es decir, poniendo huevos no fecundados por un macho, pero dando lugar a individuos viables. Los huevos, que presentan forma de semilla, son depositados en cualquier lugar sin constituir un nido. Los huevos pueden permanecer durante meses antes de emerger el ejemplar juvenil, que presenta desde el inicio aspecto de adulto. Sin embargo, en cautividad los huevos de las especies tropicales eclosionan en pocas semanas. Las especies ibéricas carecen de alas mientras que algunas especies tropicales sí que las preservan y son capaces de volar.

Los insectos palo realizan varias mudas a lo largo de su vida, siendo los momentos más delicados durante su desarrollo ya que pueden perder algunas de sus patas en el proceso si no hay suficiente humedad. No obstante, son capaces de regenerar estas extremidades total o parcialmente dependiendo del momento de desarrollo en el que las pierdan. Esto ocurre, en buena medida, porque sus extremidades son exageradamente finas y largas. Las antenas en las hembras son algo más largas que en los machos que, por otro lado, suelen ser más pequeños. Al contrario que muchos otros insectos, los fásmidos se crían bien en cautividad, sobre todo la especie *Medauroidea extradentata* procedente de Vietnam, que puede alimentarse de hojas de rosal, zarza y morera.

Entre los fásmidos se encuentran las especies de insectos más grandes del mundo, pudiendo superar el medio metro de longitud en el caso de algunas especies tropicales. Las especies europeas no suelen superar los 10 cm.

## 7.7 Dermápteros: Tijeretas

Las tijeretas pertenecen al Orden Dermaptera y tienen una larga historia geológica. Los fósiles más antiguos datan del final del Triásico de afloramientos de Inglaterra y Australia, es decir, de hace unos 200 millones de años. Se caracterizan por tener un cuerpo alargado a la vez que plano dorsoventralmente y sobre todo porque al final del abdomen presentan dos largos cercos en forma de pinza o tijera, de ahí que se les conozca vulgarmente por tijeretas, cortatijeras o cortapichas (Figura 19). El tórax y, especialmente, el abdomen son muy largos mientras que las antenas tienen un tamaño medio y están formadas por numerosos segmentos (multisegmentadas). Sus patas son cortas y adaptadas para la marcha ya que no suelen volar. Muchos géneros de tijeretas tienen alas muy cortas y otros no poseen. Solo algunas especies tienen alas funcionales que emplean a inicios del verano para desplazarse, como es el caso de *Forticula decipiens* que puede verse en ocasiones durante los meses de mayo y junio en abundancia en la Subbética. Las alas anteriores, cuando existen, actúan como élitros y recubren las alas posteriores que son semicirculares y membranosas.

El cuerpo aplanado de las tijeretas es idóneo para vivir en grietas y bajo las piedras, donde además es sencillo encontrarlos

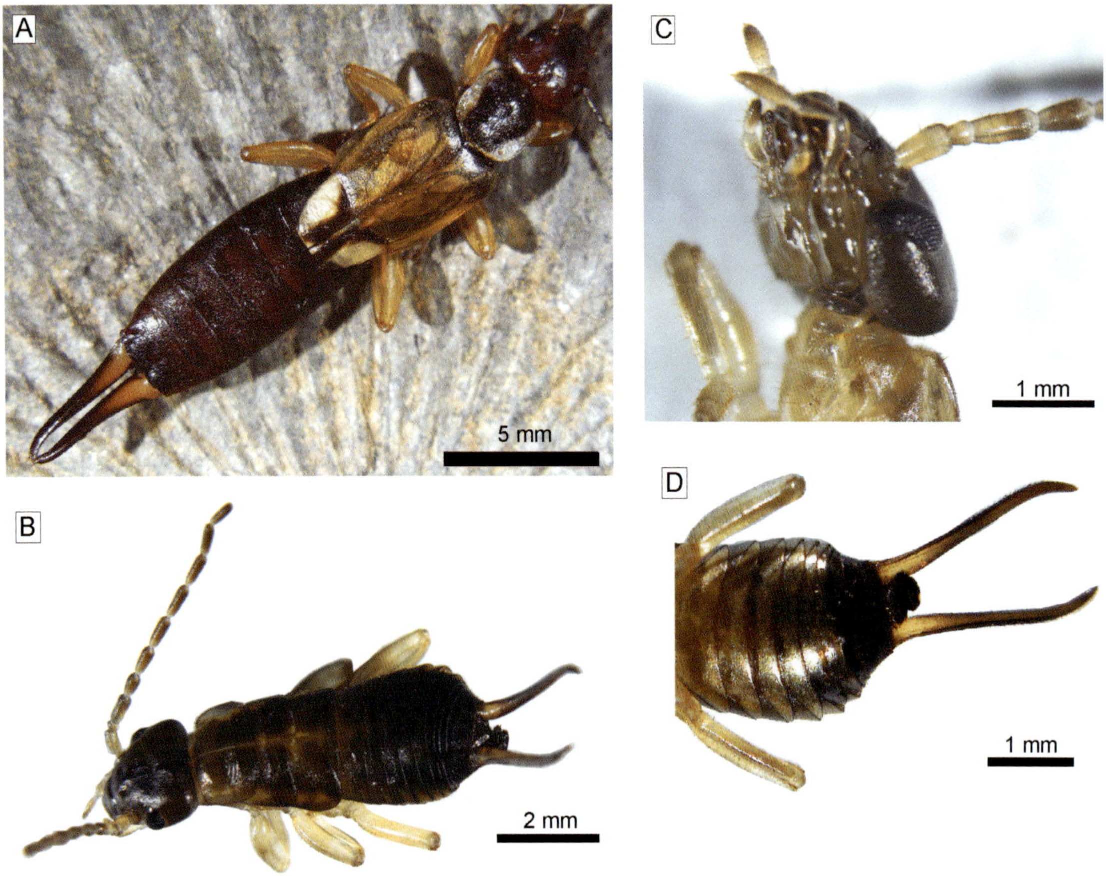


**Figura 19**
Tijeretas (Orden Dermaptera). A. *Forticula auricularia* mostrando bellos colores en vista dorsal (Puerto de la Mata, Sierra Mágina, Jaén). B-D. *Chelidura* sp. Procedente de Gorafe (Granada) en vista general dorsal (B), vista lateral de la cabeza (C) y detalle del abdomen y de los cercos en forma de pinza (D).

invernando. Su tamaño no suele superar los dos centímetros, siendo la hembra generalmente más pequeña.

Son organismos omnívoros que se alimentan de materia vegetal y animal muerta, usando su aparato bucal de tipo masticador. Ocasionalmente pueden cazar a otros insectos. Sus ojos son relativamente pequeños, como es propio de insectos que pasan largo tiempo bajo las piedras y que se valen en buena medida de sus antenas para relacionarse con el medio. Son más activos durante la noche. Los curiosos y largos cercos que presentan están especialmente curvados en los machos, que los emplean durante el apareamiento, pero además sirven de ayuda para desplegar y recoger las alas. Algunas especies emplean los cercos para cazar, pero es menos común. Poseen también glándulas repugnatorias defensivas.

Las hembras cuidan de los huevos e incluso de las crías en sus primeras etapas ocupándose de su limpieza y protección. Algunas tijeretas son vivíparas y han desarrollado estructuras para la nutrición de los embriones. Las tijeretas son exopterygotas y realizan entre 4 y 6 mudas ninfales.

## 7.8 Hemípteros

Los hemípteros son el grupo más amplio de insectos no holometábolos y su diversidad probablemente está relacionada con el origen y diversificación de las plantas angiospermas. Todas las especies se caracterizan por tener un pico perforador parecido a una diminuta aguja que emplean para succionar jugos de las plantas o de animales. Algunas especies de chinches llegan a constituir plagas para los cultivos, como es el caso de los áfidos que causan daños mecánicos en los vegetales y pueden transmitir diversas enfermedades víricas a las plantas. La eficiencia de los hemípteros como consumidores de plantas está relacionada con la estructura de su boca, que, además, en algunos grupos está adaptada para la depredación. Las piezas bucales de los hemípteros se componen de dos pares de estiletes finos y largos, mandíbula y maxila, apoyados en un labium con forma de canalón. La base de la mandíbula y maxila se articula en el interior de la cabeza de manera que los estiletes pueden deslizarse unos sobre otros hacia atrás y adelante cuando penetran en el tejido del alimento, sea vegetal o animal.

El Orden Hemíptera se divide en dos subórdenes: Heteroptera y Homoptera. Los heterópteros incluyen a las denominadas chinches escudo, chinches de campo, chinches asesinas, míridos y chinches acuáticas. Los homópteros incluyen a las cigarras, los saltadores, áfidos, pulgones y psílidos entre otros, aunque como se explicará posteriormente el término homópteros está formalmente en desuso.

### 7.8.1 Hemípteros heterópteros: Chinches

Las chinches constituyen uno de los grupos más diversos y abundantes. Los heterópteros más antiguos datan del periodo Pérmico, momento en el que ya se constata una diversidad considerable. Experimentaron una importante diversificación hace unos 240 millones de años, tras la extinción en masa del límite Pérmico/Triásico. Se pueden diferenciar dos grandes grupos que se dividieron durante el Jurásico, Pentatomorpha y Cimicomorpha, diversificándose a lo largo del

A
B
C
D
E
F
G
H
I
J
K
L

Cretácico. Pentatomorpha incluye a pirrocóridos, escutelláridos, ligaéidos y pentatómidos o chinches escudo, mientras que Cimicomorpha incluye a los míridos y redúvidos.

Existe una amplia variedad de formas dentro de las chinches. Las chinches suelen tener dos pares de alas, siendo las anteriores unas alas endurecidas. De ahí el nombre heterópteros, que significa alas distintas haciendo referencia a la diferencia entre las alas delanteras y las traseras. No obstante, algunas especies no presentan alas. Los machos y las hembras presentan dimorfismo sexual, observable entre otros caracteres en la longitud de sus alas. En las chinches heterópteras las alas anteriores cuando están completamente desarrolladas se dividen en dos partes, una endurecida de carácter córneo cercana a la inserción en el tórax y una parte más membranosa que ocupa una posición distal. A este tipo de alas se les denomina hemiélitros. Las alas posteriores son siempre membranosas. Entre las chinches heterópteras hay formas herbívoras y carnívoras. En cuanto al tipo de ambiente en el que viven, este puede ser muy variado, tanto como la variedad de grupos, así las hay que habitan en herbazales, cardales, árboles y campos de cultivo, pero también existen chinches acuáticas que viven en la superficie del agua y otras que viven sumergidas.

Las chinches escudo (familias Pentatomidae y Scutelleridae fundamentalmente) se encuentran entre los grupos más comunes (Figuras 20 y 21). Reciben su nombre de la morfología de su parte dorsal que recuerda a un escudo con forma trapezoidal. Son formas muy pequeñas que no suelen superar los 12 mm. Una de las características comunes entre las chinches escudo es que las antenas se componen de 5 segmentos. Hay una amplia variedad de especies y subespecies y una gran diversidad de formas y colores. Coloquialmente se les suele denominar chinches pestosas o hediondas debido a que algunas especies expulsan un líquido maloliente cuando se someten a estrés. Algunas chinches, como *Graphosoma italicum*, presentan colores muy vivos, rojo y negro, que previenen a posibles predadores de su mal sabor. Otras chinches, en cambio, como es el caso de la chinche verde *Palomena prasina*, tienen un color que le sirve para camuflarse con su entorno. Pueden verse de primavera a otoño y se mantienen inactivas durante el invierno, ocultas en la hojarasca, suelo o troncos de árboles. Algunas chinches pueden formar enjambres, como ocurre con la chinche roja *Pyrrhocoris apterus* (Familia Pyrrhocoridae) que abunda en jardines y parques de entornos próximos al hombre,

**Figura 20**

Chinches escudo y otras chinches (Orden Hemiptera, Suborden Heteroptera). A. Cápsido verde *Lygocoris pabulinus* (Arroyo Salado, Jaén). B. Chinche roja *Pyrrhocoris apterus* (Jaén). C. *Eurydema dominulus* (El Padul, Granada). D y E. *Carpocoris fuscispinus* en vista ventral y dorsal (Piedra del Águila, El Padul, Granada). F. Chinche de las aneas *Eurygaster testudinaria* (Laguna de El Padul, Granada). G. Chinche escudo *Gonocerus insidiator* (El Centenillo, Jaén). H. Chinche de la fresa *Dolycoris baccarum* (El Padul, Granada). I. Apareamiento de *Graphosoma semipunctatum* variedad roja (Caño Quebrado, Jaén). J. Chinche dorada (Piedra del Águila, El Padul, Granada). K y L. *Graphosoma semipunctatum* variedad amarilla en vista ventral y lateral (Piedra del Águila, El Padul, Granada). Nota, barra de escala representa 5 mm.

A
B
C
5 mm
D
5 mm
E
1 mm
F
1 mm
G
1 mm
H
1 mm
I
2 mm
J
2 mm
K
1 mm
L
1 mm

donde se alimenta de semillas de plantas endospermas altamente calóricas, pero también de otros insectos.

Las denominadas chinches de campo (Familia Lygaeidae) no presentan la morfología típica de las chinches escudo y suelen tener colores menos vistosos. Algunas de ellas recuerdan a los míridos, que se describirán a continuación. Se alimentan generalmente de semillas aunque puntualmente pueden actuar como depredadores. Algunas especies son exclusivamente depredadoras, como es el caso de *Phymata monstrosa*.

Los míridos (Familia Miridae) se caracterizan por tener un cuerpo y unas alas anteriores relativamente blandas en comparación con otros tipos de chinches. Se alimentan principalmente de semillas y frutos, pero también los hay que son predadores. Son insectos generalmente pequeños, que no superan los 12 mm, y de forma más grácil que la de las chinches escudo. Los míridos son el grupo de chinches heterópteras más diversificado. Es además un grupo de importancia económica ya que algunos míridos constituyen importantes plagas agrícolas. Uno de los míridos más comunes y que puede ocasionar problemas en plantaciones y dañar los frutales es el cápsido verde, *Lygocoris pabulinus*, que se alimenta de frutas, orugas y áfidos o pulgones. Cuando esta especie extrae jugo de la fruta o de las hojas inyecta una saliva tóxica que deteriora hojas y frutos.

Otro grupo de chinches heterópteras son las chinches asesinas (Familia Reduviidae), que como su propio nombre indica son predadoras (Figura 22). Se caracterizan por tener un cuello bien marcado, el rostro alargado con el pico succionador muy recio en comparación con los míridos o las chinches escudo. En algunas especies las patas anteriores son largas y fuertes, adaptadas para atrapar y sujetar a las potenciales presas. Algunas especies de chinches asesinas emiten un sonido estridulando y muchas de ellas son de hábito nocturno. Otro grupo de chinches predadoras son las denominadas chinches damisela y las chinches de las camas (Familia Cimicidae), estas últimas viven en nidos de aves y en madrigueras y se alimentas succionando sangre de aves y mamíferos.

Existen chinches heterópteras adaptadas al medio acuático. Entre las chinches acuáticas se pueden diferenciar aquellas que viven en la superficie del agua y las que viven sumergidas. Las chinches acuáticas de superficie son todas ellas predadoras y presentan en su región ventral y apéndices una serie de pelos que repelen el agua y evitan que la chinche se hunda en el agua. Estas chinches

**Figura 21**

Chinches escudo (Orden Hemiptera, Suborden Heteroptera). A-C. *Graphosoma semipunctatum* en vistas lateral, dorsal y ventral (Cañor Quebrado, Jaén). D y E. Chinche verde *Palomena prasina* en vista dorsal y vista ventral de detalle (Laguna de El Padul, Granada). E. Vista de la cabeza de *Graphosoma semipunctatum* variedad amarilla (Piedra del Águila, El Padul, Granada). G y H. Detalle de la cabeza y del borde ventral de la chinche de las aneas *Eurygaster testudinaria* (Laguna de El Padul, Granada). I. Cabeza y tórax de la chinche roja *Pyrrhocoris apterus* (Jaén). J. Vista ventral del tórax y la cabeza de *Graphosoma semipunctatum* (El Padul, Granada). K. Vista de la cabeza de *Lygocoris pabulinus* (Arroyo Salado, Jaén). L. Detalle de la cabeza de *Gonocerus insidiator* (El Centenillo, Jaén).

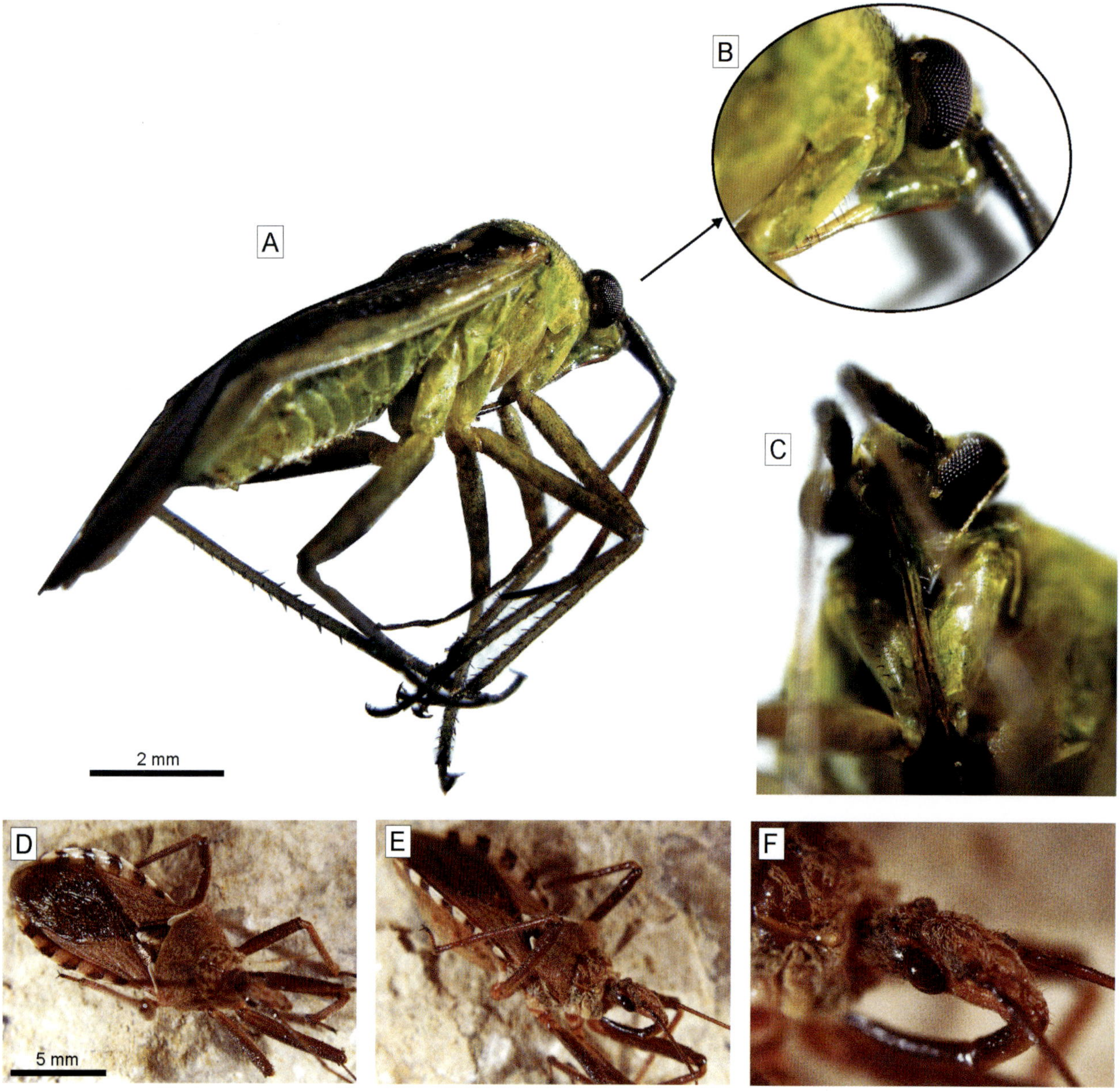


aprovechan la tensión superficial del agua y el carácter hidrófobo de esos pelos para moverse por la superficie del agua, incluso a gran velocidad (Figura 23). Uno de los mejores representantes de este grupo son los llamados comúnmente zapateros (*Gerris lacustris* y

*Aquarius najas*) correspondientes a la Familia Gerridae. Suelen vivir en lagos, charcas y tramos remansados de ríos y acequias. El cuerpo de los zapateros es delgado y alargado, pudiendo alcanzar los 3 cm y sus antenas son claramente visibles. Emplean sus patas delanteras para atrapar a insectos que caen al agua. Los dos pares de patas traseras también son alargadas y finas y suelen llevarlas extendidas de forma que evitan hundirse en el agua. Estos dos pares de patas presentan en su extremo unos pelos hidrófobos que crean una cámara de aire que les permite flotar. Mientras que el segundo par de patas son las más largas y son las que emplean para desplazarse, el par trasero se emplea como timón para controlar la dirección de avance. Los zapateros suelen aparecer en grupos numerosos en verano, mientras que en invierno se encuentran aletargados. Algunas especies de zapateros pueden volar. Existen registros fósiles de zapateros desde el Jurásico superior, más concretamente del Oxfordiense, hace algo más de 155 millones de años. Algunos buenos ejemplos corresponden al yacimiento cretácico de Las Hoyas (Cuenca) donde se ha identificado el género *Chresmoda*.

Las chinches acuáticas sumergidas viven en aguas tranquilas buceando en la columna de agua. Son formas predadoras que se alimentan de insectos que caen al agua y de larvas acuáticas de invertebrados e incluso renacuajos y pequeños peces. Entre estos insectos destacan el escorpión acuático (*Nepa cinerea*) y el nadador de espaldas o garapito (*Notonecta glauca*) (Figura 24). Este grupo de insectos suele tener las antenas escondidas en fosetas y las extremidades presentan claras adaptaciones para la natación. Notonectidae existe desde el Jurásico basal. Los fósiles más antiguos de las chinches de agua predadoras de la Familia Belostomatidae proceden del Triásico superior de Virginia, Estados Unidos. Esta familia es hoy día abundante en África y Asia.

El escorpión acuático (Familia Nepidae) tiene un cuerpo muy aplanado, comprimido dorsoventralmente, y tiene un carácter claramente bentónico, es decir, vive en el fondo. Suele habitar aguas poco profundas y respira a través del tubo hueco que presenta al final del abdomen a modo de cola. Las patas anteriores presentan en sus últimos segmentos una especie de pinza que recuerda de alguna manera a la de las mantis, si bien la morfología de este insecto en su totalidad se asemeja a la de un escorpión, lo que le da el nombre. Las patas anteriores son, por lo tanto, sus armas para atrapar a sus presas. Rara vez emplea las alas para volar.

**Figura 22**
Ejemplos de las familias Miridae y Reduviidae A-C. Mírido indeterminado en vista general y detalles del ojo y del labio que funciona como pico perforador (Arroyo Salado, Jaén). D-F Chinche asesina *Rhynocoris erythropus*, Familia Reduviidae (Jaén).

A
5 mm
0.5 mm
B
C
1 mm
D
E
1 cm

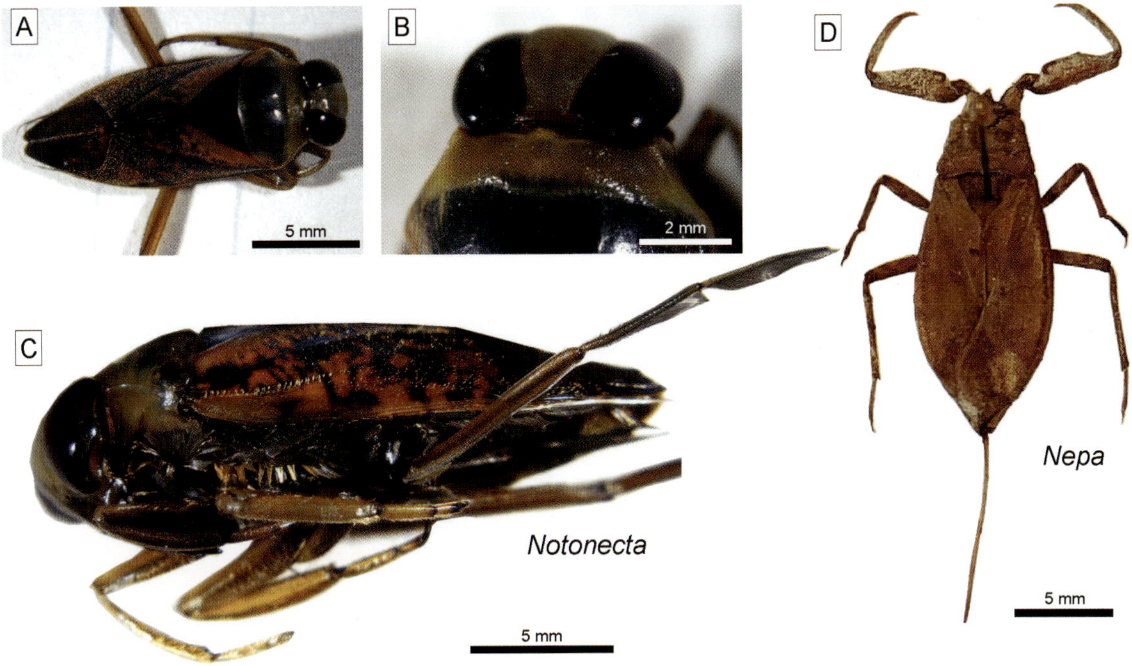


Las especies del género *Notonecta* son perfectos nadadores que viven continuamente buscando presas en el fondo y en la columna de agua. Su cuerpo aerodinámico, y más robusto que en el caso de los zapateros, puede alcanzar los 2 cm. Nada con el área ventral hacia arriba, de ahí su nombre común de nadador de espaldas. En el área ventral lleva una burbuja de aire adherida. Las patas traseras, más largas que el resto, presentan en su extremo unos pelos (flecos de natación) dispuestos de forma que la extremidad funciona como un remo. Sus ojos además son especialmente grandes. Su picadura es bastante dolorosa. Las notonectas son además hábiles voladoras. Se han encontrado ejemplares fosilizados en el yacimiento cretácico de Las Hoyas (Cuenca) correspondientes a la especie *Iberonepa romerali*.

**Figura 23**
Chinches acuáticas de superficie o zapateros (Familia Gerridae). A-D. *Aquarius najas* (Cañones de Río Frío, Jaén) donde se observa el pico perforador (D). E. Ejemplar fósil de chinche de superficie *Chresmoda obscura* del Jurásico superior (hace unos 160 millones de años) de Solnhofen, Sur de Alemania (Bürgermeister-Müller-Museum). La Familia Chresmodidae extinta, está relacionada con las actuales chinches de superficie.

**Figura 24**
Chinches acuáticas sumergidas. A-C. Garapito o nadador de espaldas, *Notonecta glauca*, Familia Notonectidae (Barranco Luna, Albuñuelas, Granada). D. Escorpión de agua *Nepa cinerea*, Familia Nepidae (Sierra de Cazorla, Jaén).

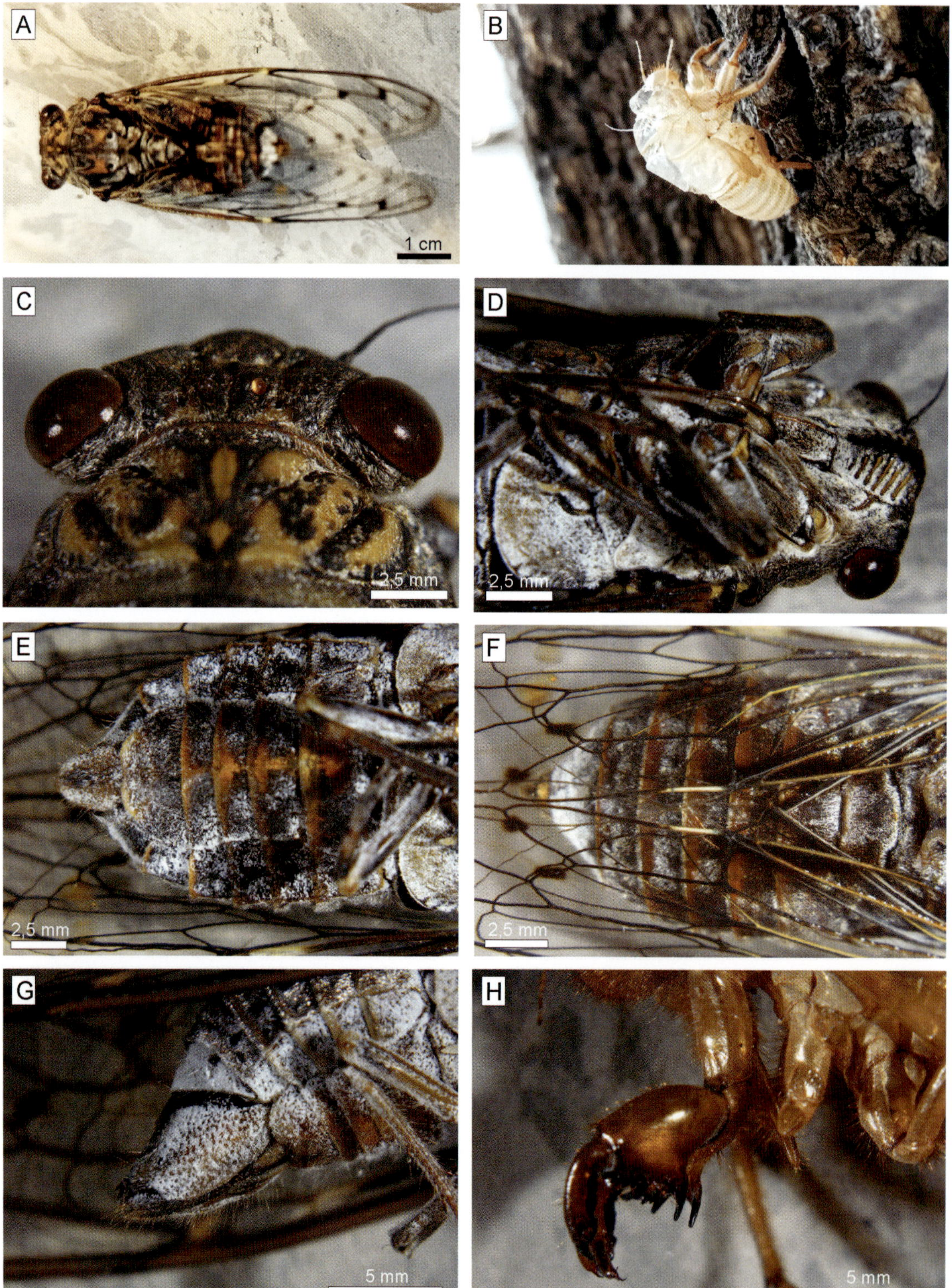
A
1 cm
B
C
2,5 mm
D
2,5 mm
E
2,5 mm
F
2,5 mm
G
5 mm
H
5 mm

## 7.8.2 Hemípteros homópteros: Cigarras y pulgones

Las cigarras, también llamadas chicharras en algunas zonas del sur de España, son hemípteros como las chinches, pero pertenecientes al Suborden Homoptera, es decir, que sus alas delanteras presentan una estructura uniforme, en el caso de las cigarras, membranosa. Los pulgones y demás áfidos también se consideran homópteros.

No obstante, existe cierta confusión entre algunos nombres empleados para este grupo de insectos. Aunque aún puede encontrarse en libros de texto y guías de insectos, Homoptera es un término abandonado, formalmente empleado para todos los hemípteros que no sean heterópteros (verdaderas chinches). Pero esto es lo que se denomina un grupo parafilético, es decir, que realmente incluye organismos de distintos órdenes y subórdenes, los denominados Stenorrhyncha (pulgones, filoxeras, mosquitas blancas, piojos saltadores...), Auchenorrhyncha (chicharras o cigarras) y Coleorrhyncha (pequeños organismos que solo viven en África, Oceanía y Sudamérica que aquí no vamos a tratar). No obstante, en este libro se va a seguir la clasificación tradicional por ser más popular. En cuanto a Heteroptera, se considera un grupo monofilético, es decir, todos sus componentes tienen un ancestro común, y no presenta ningún problema de nomenclatura.

Las cigarras, chicharras o cícadas (Auchenorrhyncha) aparecieron en el periodo Pérmico, a finales del Paleozoico, hace algo más de 250 millones de años. La Familia Cicadidae, más concretamente, apareció en el Paleoceno, mientras que la Familia Cidaellidae tiene registros fósiles desde hace unos 110 millones de años, en el Cretácico inferior de lo que hoy es Brasil. Las cigarras en estado adulto pueden llegar a medir hasta 3 cm, llegando hasta los 6 cm si contamos las alas (Figura 25). Poseen dos pares de alas membranosas y transparentes, con clara venación, que en reposo se disponen sobre el cuerpo a modo de tejadillo. Los adultos poseen un largo probóscide que hace de aparato bucal perforador y succionador que les permite alimentarse de savia de los árboles. Las antenas son cortas y cerdiformes (forma de cerdas). Los ojos se disponen muy separados a ambos lados de la cabeza, siendo grandes y prominentes. Además presentan tres pequeños ocelos situados en la parte superior de la cabeza.

En el sur de la Península Ibérica se pueden escuchar en verano con frecuencia *Cicada orni* y *Cicada barbara*. En estado adulto viven en los árboles y arbustos, y los machos producen un sonido

**Figura 25**

Cicadas o chicharras de la especie *Cicada orni* (Orden Hemiptera, Suborden Homoptera, Familia Cicadidae) procedente de Jaén. A. Ejemplar completo en vista dorsal. B. Exuvia abandonada en un tronco. C. Vista del pronoto y la cabeza. D. Vista ventral de la cabeza, tórax y del pico perforador. E. y F. Abdomen en vistas ventral y dorsal y venación de las alas. G. Extremo del abdomen en visa lateral. H. Detalle de la morfología de las patas anteriores de la fase de larva vista en la exuvia.

estridente haciendo vibrar un aparato estridulatorio compuesto de unas membranas quitinosas denominadas timbales situadas a ambos lados del primer segmento abdominal. Unos pequeños lóbulos, denominados opérculos, protegen los timbales y actúan como cajas de resonancia. Este sonido lo emplean para atraer a las hembras y es característico de cada especie. Las cigarras tienen los órganos auditivos ubicados en el tórax. El canto de algunas especies como *Cicada barbara* es continuo e insistente y puede oírse a centenares de metros de distancia. El canto de *Cicada orni* se diferencia por ser discontinuo aunque repetitivo. La frecuencia de la vibración o canto que emite una cigarra puede llegar a los 86 Hz. Las cigarras aparecen principalmente en verano y son más activas con temperaturas altas, aunque el sonido es más intenso al atardecer.

Las hembras presentan un largo ovopositor que emplean para poner los huevos en la corteza de los árboles y mueren poco después de la puesta. Cuando las ninfas nacen del huevo caen al suelo y se entierran. Allí permanecen durante varios años alimentándose de raíces. Presentan unas patas anteriores muy desarrolladas que emplean para excavar túneles. Cuando alcanzan el tamaño y madurez adecuados, las ninfas ascienden por los troncos de los árboles antes de sufrir la metamorfosis que las transforma en adultos con alas y genitales. Tras esta transformación dejan una muda o exuvia enganchada al tronco del árbol. La fase adulta, reproductiva, dura unas pocas semanas. Tanto *Cicada orni* como *Cicada barbara* tienen una coloración entre gris y verde, propia para camuflarse en los troncos de los árboles.

Los áfidos (Sternorrhycha), vulgarmente conocidos como pulgones, comprenden aproximadamente 5.000 especies y son más diversos en las regiones templadas de nuestro planeta (Figura 26). Se han descrito muchos áfidos fósiles, siendo muy diversos y abundantes en algunos yacimientos de ámbar del Cretácico. El grupo basal de los áfidos apareció a mediados del Triásico, hace entre 220 y 210 millones de años, pero los verdaderos áfidos aparecieron en Eurasia durante el Jurásico medio y superior, hace entre 170 y 150 millones de años.

Los áfidos excretan una especie de miel. Esta sustancia es producida en especial cantidad llegando a superar varias veces su peso corporal al día. Esta melaza es recolectada por algunas hormigas que además pueden protegerlos a modo de rebaños. Los áfidos experimentaron una importante radiación evolutiva durante el Cretácico con la explosión de las plantas angiospermas.

**Figura 26**
Áfidos (Orden Hemiptera, Suborden Homoptera). A. Pulgón negro de las habas *Aphis fabae* (El Padul, Granada). B-D. Vistas de detalle de un áfido indeterminado (El Centenillo, Jaén).

Figura 27
Piojo chupador *Pediculus humanus* (Orden Anoplura) en vista dorsal (Jaén).

## 7.9 Anopluros y Sifonápteros: Piojos y pulgas

Los piojos son insectos parásitos de mamíferos y aves. No tienen alas, son ápteros. Su cuerpo es dorsoventralmente aplanado y presenta unas uñas muy robustas en forma de garfio con las que se sujetan al pelo (Figura 27). En el caso del piojo humano, *Pediculus humanus*, las uñas más desarrolladas se encuentran en el par de patas delanteras. Sus antenas son muy cortas. Otra característica propia de los piojos es la ausencia de metamorfosis. Existen dos tipos de piojos, los piojos masticadores (Orden Mallophaga) y los piojos chupadores (Orden Anoplura). A estos últimos pertenece el piojo humano.

Los piojos humanos se alimentan chupando sangre en mamíferos. La cabeza es muy pequeña y estrecha, más que en los piojos masticadores. La mayor parte de la longitud del cuerpo corresponde al abdomen, que presenta forma piriforme. En el piojo humano cada segmento sobresale en forma dentada recordando la forma de una piña. *Pediculus humanus* tiene los ojos pigmentados y relativamente pequeños respecto al tamaño de la cabeza. Sus huevos, denominados coloquialmente como liendres, suelen fijarse al pelo. El piojo humano puede alcanzar unos 5 o 6 mm de longitud. Los sucesivos tratamientos antipiojos a los que se ven sometidas sus poblaciones han actuado selectivamente favoreciendo que la especie sea cada vez más resistente a estos tratamientos.

Al igual que los piojos, las pulgas (Orden Siphonaptera) son insectos ápteros, es decir, que carecen de alas. Pero al contrario que los piojos, que tienen una forma aplanada baja, las pulgas presentan una compresión en sentido lateral, lo que las hace estrechas. Las patas posteriores están más desarrolladas que el resto y están adaptadas al salto, si bien la mayor parte de la potencia de salto reside en una proteína altamente elástica que puede almacenar energía y liberarla mucho mejor que cualquier goma sintética. Otras características son comunes a las de muchos ectoparásitos, como que los adultos están fuertemente esclerotizados, las antenas tienen una longitud reducida, la pérdida de las alas, la reducción del tamaño del tórax, y el desarrollo de grandes garras y piezas bucales especializadas. Otro rasgo característico de los sifonápteros es la presencia de una estructura sensorial donde se encuentra la mayor concentración de órganos receptores, denominada sensillium, ubicada al final del abdomen y que sirve para detectar movimientos de aire, vibraciones y gradientes de temperatura, por lo que juega un papel fundamental en la detección del huésped y en la evasión de ataques. La mayoría de las larvas son muy pequeñas, con forma de gusano, muy activas y con apetito voraz. Se alimentan de las heces de los adultos ricas en sangre. Las pulgas, por si había duda, son, al igual que los piojos, insectos hematófagos que se alimentan de sangre de aves y mamíferos cuya piel perforan para succionar la sangre. Cuando la pulga perfora la piel inyecta su saliva que lleva una sustancia anticoagulante que favorece la succión. Algunas pulgas reciben su nombre común en relación al organismo que colonizan, así está la pulga del hombre, la pulga del conejo, la pulga del topo, la pulga del gato o la pulga del perro, si bien esta nomenclatura puede llevar a error, ya que la denominada pulga del hombre (*Pulex irritans*) se encuentra también en otros animales. Unas de las pulgas más comunes en entornos domésticos son las denominadas pulga del gato (*Ctenophalides felis*) y la pulga del perro (*Ctenophalides canis*) que pueden picar a los humanos. Las pulgas pueden transmitir enfermedades y son un grave problema en países en vías de desarrollo. La pulga del conejo (*Spilopsyllus cuniculi*) es portadora de la mixomatosis, enfermedad recurrente que asola las poblaciones de conejos.

Las pulgas han tenido una gran importancia en la historia de la humanidad. En 1348 se produjo una pandemia en Europa central, la denominada peste negra o muerte negra producida por la bacteria *Yersinia pestis*, que acabó con la vida de tantas

personas (1/3 de los habitantes europeos) que la población tardó dos siglos en recuperarse. Esta plaga pervivió entre las poblaciones de ratas y resurgió en repetidas ocasiones. En 1665 una de estas oleadas pandémicas acabó con la vida de 65.000 londinenses. No fue hasta 1914 que la Comisión Indio-Británica de Plagas descubrió el mecanismo de transmisión a los humanos por medio de la picadura de la pulga de las ratas *Xenopsylla cheopis*. Cuando la plaga es transmitida por las pulgas causa el ennegrecimiento de la zona en la que ha mordido, lo que se denomina "buba" de ahí que también se denominara peste bubónica. La persona infectada con la peste podía transmitir la bacteria por medio del aire lo que se favorecía por la tos asociada a la neumonía que producía, entre otros muchos síntomas.
Estos ectoparásitos de aves y mamíferos y sus modificaciones corporales extremas no dejan duda de que piojos y pulgas tienen un ancestro común. Durante el Mesozoico la proliferación de pelo con los primeros mamíferos, y sobre todo plumas en muchos dinosaurios terópodos, pudo conllevar una radiación de estos pequeños artrópodos. Las formas basales más primitivas de los sifonápteros aparecieron en el Cretácico, siendo el más antiguo correspondiente al Cretácico inferior de los sedimentos de Koonwarra, en el sur de Australia. En el ámbar báltico del Eoceno y el ámbar dominicano del Mioceno se han encontrado aproximadamente una docena de especies. Los mejores ejemplos fósiles son bastante más recientes y se han encontrado asociados a pequeños mamíferos congelados del Pleistoceno de Rusia y momias humanas de Egipto, Nueva Zelanda y Perú, algunas de hace solo 1.000 y 4.000 años de antigüedad.

## 7.10 Neurópteros: Crisopas

Las crisopas pertenecen a la Familia Chrysopidae (Orden Neuroptera). Son insectos holometábolos, es decir, que experimentan una metamorfosis completa. Aparecieron en el Cretácico inferior, hace unos 140 a 130 millones de años. Sin embargo, los neurópteros aparecieron en el Pérmico superior y algunos grupos extintos tuvieron especial éxito durante el Jurásico medio y Cretácico, como es el caso de los kalligrammatidos con registro casi global y alcanzando tamaños enormes. Un ejemplar de *Kalligramma haeckelli* del Jurásico del sur de Alemania alcanzó los 24 cm de envergadura de alas con un cuerpo de 7 cm de longitud (Figura 28). *Kalligramma* ha sido también

encontrado en el yacimiento de Las Hoyas (Cuenca), que data del Cretácico inferior (Barremiense 125-110 millones de años), junto con algunos representates de la Familia Chrysopidae.

Las crisopas se caracterizan por tener unas alas membranosas con una densa trama de venas transversales. Tienen un vuelo lento e irregular comparado con el de otros insectos, si bien los ascaláfidos son los más hábiles voladores dentro de este orden. Las alas de las crisopas y las de otros neurópteros se mantienen en tejadillo cuando el individuo está en reposo (Figura 28). Los ojos compuestos son grandes, generalmente con irisaciones, sobre todo en las crisopas. La mayor parte de los neurópteros son depredadores aunque algunos se alimentan de polen. Las larvas son carnívoras o parásitas, y en algunos grupos son acuáticas. Entre los neurópteros se encuentran las hormigas león, los ascaláfidos y las crisopas.

Figura 28
Neurópteros. A. *Kalligramma haeckelli* (Familia Kalligrammatidae) del Jurásico superior de Solnhofen, sur de Alemania (Museo de Ciencias Naturales de Bérgamo). B-D. Crisopa verde *Chrysoperla carnea* (Orden Neuroptera) procedente de Granada.

Son llamativas las larvas de las hormigas león con su gran mandíbula y porque algunas especies crean una trampa en terrenos de arena fina para emboscar a sus víctimas (hormigas, pequeñas arañas...). Hacen un embudo cónico al fondo del cual se encuentran enterradas con sus grandes mandíbulas a la espera de la presa que al caer en el embudo no puede salir por las empinadas paredes arenosas de la trampa. Sin embargo, estas larvas robustas y de cuerpo relativamente corto dan lugar a adultos esbeltos que tienen apariencia de libélula.

Las crisopas verdes son posiblemente los neurópteros más representativos, por la morfología de su cuerpo y la venación de sus alas membranosas. Como su nombre indica tienen un color verde característico. Tienen unos enormes ojos, al igual que ocurre con otros insectos voladores, y unas antenas muy largas. Los adultos tienen hábitos nocturnos. Las larvas se alimentan de áfidos (pulgones).

## 7.11 Lepidópteros: Mariposas y polillas

Son los insectos reconocidos socialmente como los más bellos por su gran diversidad de colores y la delicadeza de sus alas. La mayor parte de los lepidópteros posee dos pares de alas membranosas, cubiertas por pequeñas escamas imbricadas que se desprenden como un polvillo brillante y de color cuando se cogen con las manos. Las escamas de las alas son las que confieren el color y los dibujos de las alas. El cuerpo y las patas también están cubiertos de escamas (Figura 29).

Figura 29

Detalles de algunos lepidópteros. A. Mariposa blanca de la col *Pieris rapae* (El Padul, Granada). B. *Polyommatus icarus* (El Padul, Granada). C y D. Detalle de las alas de *Polyommatus icarus* por su cara ventral. E y F. Vista de detalle de las escamas imbricadas de las alas de *Artogeia rapae*. G. Vista de detalle de la cara dorsal de las alas de *Polyommatus icarus*. H. Detalle del ojo compuesto así como del aspecto velloso del cuerpo de *Colias croceus* (El Padul, Granada).

Las piezas bucales del adulto están adaptadas formando un órgano chupador o probóscide (denominado espiritrompa) que se enrolla cuando la mariposa no se está alimentando. Este órgano les permite succionar el néctar de las flores. Algunas mariposas y polillas en estado adulto no presentan una probóscide funcional por lo que no se alimentan en estado adulto. En cambio algunas polillas, como el género *Micropterix*, conservan rasgos primitivos como una mandíbula mordedora que emplean para alimentarse de polen.

El registro fósil de estos insectos de apariencia tan frágil está mejor representado como inclusiones de ámbar y como galerías producidas por las larvas en hojas fosilizadas. Ambos registros indican que los lepidópteros se diversificaron ampliamente en el Cretácico e inicios del Paleógeno a la vez que las plantas con flores.

A
5 mm
B
5 mm
C
5 mm
D
2 mm
E
2 mm
F
0,5 mm
G
2 mm
H
2 mm

**Figura 30**

Las mariposas tienen una enorme variedad de colores y formas. A. *Pieris rapae* (El Padul, Granada). B. *Colias croceus* (El Padul, Granada). C. *Brintesia circe* (Cuenca). D. *Melanargia* sp. (Lagunas de Neila, Burgos). E. *Parnassius apollo* (Garganta del Cares, Asturias). F. *Heodes virgaureae* (Neila, Burgos). G. *Lysandra bellargus* (Neila, Burgos). H. *Anthocharis euphenoides* (Cañada de las Hazadillas, Jaén).

Los fósiles más antiguos de lepidóptero proceden de sedimentos jurásicos de tres localidades de Europa y Asia central. El más antiguo de estos restos, *Archaeolepis mane*, está formado por tres finas alas en una superficie de roca del Jurásico inferior de Dorset, Inglaterra (Sinemuriense, alrededor de 190 millones de años).

La división entre mariposas y polillas no es realmente una clasificación taxonómica correcta, pero está firmemente arraigada. Como regla general se denominan mariposas a los lepidópteros dirunos (rotalóceros) y polillas a los lepidópteros nocturnos (heteróceros), aunque a esta regla hay excepciones (como la existencia de polillas crepusculares o incluso diurnas). Varias características distinguen a las mariposas de las polillas. Entre otras que generalmente (pero no siempre) las mariposas nocturnas o polillas cuando descansan mantienen las alas pegadas al cuerpo horizontalmente (en tejadillo), mientras que las diurnas suelen juntar las alas verticalmente asemejando una vela sobre el cuerpo. Los colores de las mariposas diurnas suelen ser más llamativos y variados que los de las polillas. Las mariposas diurnas tienen antenas claviformes mientras que las polillas rara vez tienen antenas claviformes. La mayoría de las antenas de las mariposas nocturnas es plumosa o filiforme. Las mariposas nocturnas o polillas son mucho más abundantes, aunque generalmente más pequeñas que las mariposas diurnas. Como curiosidad, indicar que algunas mariposas nocturnas han desarrollado oídos ultrasónicos que les permiten detectar la proximidad de depredadores, especialmente murciélagos.

En las mariposas diurnas la atracción entre machos y hembras se produce visualmente por los colores y movimientos de las alas, y en menor medida por el olor (Figura 30). En el caso de las polillas, el olor juega un papel fundamental.

Los lepidópteros presentan una metamorfosis completa, es decir, desarrollo en cuatro etapas, pasando por huevo, larva conocida como oruga, crisálida y adulto. Es decir, tienen un metabolismo holometabólico (pertenecen al Superorden Endopterygota). Dependiendo de la especie, las hembras depositan los huevos aislados entre sí, o agrupados, generalmente adheridos al tipo de planta de la que se alimentan. Otras mariposas ponen los huevos en el interior de los tejidos de la planta y otras los recubren con una envoltura protectora. La mayor parte de las larvas son vegetarianas, excepto algunas polillas que se alimentan de materia animal, como pelo, lana y plumas y por lo tanto suelen vivir en nidos y madrigueras.

A
1 cm
B
1 cm
C
2 cm
D
2 cm
E
2 cm
F
2 cm

Las larvas lepidópteras (orugas) tienen un cuerpo cilíndrico y un par de patas en cada uno de los tres segmentos torácicos (Figura 31). Las patas torácicas, o verdaderas, están articuladas y presentan una minúscula uña en su extremo. En cada uno de los cinco últimos segmentos abdominales o solo en algunos de ellos (dependiendo del género) las orugas tienen unas patas carnosas, gruesas e inarticuladas denominadas propodios, que además se pierden tras la metamorfosis. Algunas orugas no tienen patas. Las orugas tienen aparatos masticadores bien desarrollados con los que se alimentan de hojas, frutos o tallos, dependiendo de la especie. Algunas de estas orugas pueden causar daños en las cosechas.

Las orugas pueden estar cubiertas de pelos o de púas urticantes, mientras que otras tienen colores muy llamativos que alertan de su mal sabor o de su toxicidad a posibles depredadores. Otras orugas, en cambio, presentan colores y hábitos que facilitan su camuflaje frente a depredadores.

En muchos casos la oruga se transforma en crisálida dentro de un capullo de seda que la oruga segrega mediante unas glándulas localizadas en su abdomen. Esto es más común en mariposas nocturnas y polillas. El más famoso es el gusano de seda *Bombyx mori* (Familia Bombicidae) que se ha explotado desde antaño por el hombre para usar la seda que protege a la crisálida en la industria textil. En el caso de *Bombyx mori*, el metabolismo de la oruga emplea el almidón procedente de las hojas de morera de las que se alimenta para fabricar la dextrina que dará lugar al hilo de seda. El material, líquido en el interior del cuerpo, se segrega por unos conductos ubicados en el undécimo segmento y se solidifica en contacto con el aire formando la seda. La oruga, girando sobre sí misma, forma alrededor de su cuerpo una envoltura ovalada constituida por un hilo único que puede alcanzar hasta mil quinientos metros de longitud, una barbaridad. El proceso le ocupa dos o tres días. Una vez vacías las glándulas de seda se produce la pupación, que dura casi tres semanas, y que da lugar a la mariposa. No obstante, la mayoría de las mariposas diurnas no forman capullos de seda y sus crisálidas permanecen adheridas directamente a ramas u hojas sin cubierta alguna, mientras que otras se entierran en el suelo.

Algunas orugas viven en grupos y crean una especie de nidos a modo de tiendas de campaña formadas por seda. Este es el caso de la oruga procesionaria *Thaumetopoea pityocampa* (Figura 31). Estas orugas están cubiertas de pelos urticantes (con una toxina

**Figura 31**
A. Oruga de la esfinge de las lechetreznas *Hyles euphorbiae* (Río Verde, Otivar, Granada). B. Oruga del macaón *Papilio machaon* (Sierra de Cabra, Córdoba; foto Alicia Serna). C. "Gusanos" de seda *Bombix mori*. D. Acumulaciones primaverales de *Ocnogyna baetica* (Puente Tablas, Jaén). E. Nido de la procesionaria del suelo *Thaumetopoea herculeana* (Mancha Real, Jaén). F. Oruga procesionaria del pino *Thaumetopoea pityocampa* (Sierra Nevada, Granada).

A
1 cm
Iphicides podalirus
B
1 cm
Papilio machaon
C
0.5 cm
Colias croceus
D
0.5 cm
Gonepterix cleopatra
E
0.5 cm
Gonepterix rhamni
F
0.5 cm
Pieris brassicae
G
0.5 cm
Anthocharis euphenoides
H
0.5 cm
Aporia crataegi
I
1 cm
Danaus plexippus
J
1 cm
Apatura

denominada thaumatopina) que se desprenden con facilidad y flotan en el aire pudiendo provocar en las personas intensas reacciones alérgicas e irritación en oídos, nariz y garganta. La mariposa tiene un color pardo que le sirve de camuflaje durante el día, siendo insectos principalmente nocturnos de forma que evitan a las aves depredadoras. Las orugas de procesionaria constituyen una auténtica plaga en algunos bosques de coníferas de nuestro país. Presentan un comportamiento social y gregario, con interacciones cooperativas, más evidente cuando abandonan un árbol a la búsqueda de otro, formando una hilera, de donde adquieren el nombre de procesionarias. En estas hileras, en fila india, la cabeza de cada oruga va justo bajo el extremo de la oruga delantera, de forma que se protegen de las aves. Cuando se detienen se enrollan en forma de espiral para mantener todas las cabezas protegidas. Finalmente se entierran en el suelo donde pasan la fase de crisálida que puede durar meses e incluso años, ya que pueden entrar en diapausa, es decir, una fase de baja actividad metabólica en la que aumenta la resistencia a cambios ambientales, a la espera de condiciones óptimas para eclosionar como mariposas. Otra procesionaria, la denominada procesionaria del suelo *Thaumetopoea herculeana,* vive en el suelo y también forma acumulaciones de orugas en el suelo, siendo urticante como la procesionaria de los pinos *Thaumetopoea pityocampa*.

Las orugas de algunas mariposas pueden constituir plagas, además de la citada procesionaria, también se pueden citar las mariposas del género *Pieris* como la mariposa blanca de la col, la mariposa del rábano y la mariposa del nabo.

Algunas mariposas hacen largas migraciones; son famosas las mariposas monarca (*Danaus plexippus*) en Norteamérica con migraciones de cerca de 5.000 km. Pero en España también existen mariposas que realizan largas migraciones entre Europa y África, como es el caso de la *Vanessa* (*Cynthia*) *cardui*, que en otoño migra hasta las sabanas de Senegal, Benín, Níger y Chad.

### 7.11.1 Mariposas diurnas

Entre las mariposas diurnas destacan los apolos (Familia Papilionidae). Son mariposas diurnas de gran tamaño y colores muy vistosos que en algunos géneros presentan colas en el par de alas posteriores, como es el caso de la macaón (*Papilio machaon*) y la chupaleches (*Iphiclides podalirus*) (Figura 32). Las orugas suelen ser gruesas y de colores muy vistosos.

**Figura 32**
Familias Papilionidae, Pieridae y Nimphalidae. A. Chupaleche *Iphicides podalirus* (La Venta, El Padul, Granada). B. Macaón *Papilio machaon* (Laguna de El Padul, Granada). C. Colias común *Colias croceus* (Neila, Burgos). D. *Gonepterix cleopatra* (Sierra Mágina, Jaén). E. Limonera *Gonepterix rhamni* (Ogíjares, Granada). F. Mariposa de la Col *Pieris brassicae* (Jaén). G. *Anthocharis euphenoides* (Sierra Mágina, Jaén). H. Blanca del majuelo *Aporia crataegi* (Aldeaquemada, Jaén). I. Mariposa monarca *Danaus plexippus* (Río Guadarranque, Castellar de la Frontera, Cádiz). J. Tornasolada *Apatura* sp. (Sierra de Segura, Jaén).

Figura 33
Familias Nimphalidae y Lycaenidae. A. *Vanessa atalanta* (La Higuera, Jaén). B. Bella dama *Vanessa cardui* (Navas de San Juan, Jaén). C. Nacarada *Argynnis paphia* (Cañada de las Hazadillas, Jáen). D. Ortiguera *Aglais urticae* (Motril, Granada). E. *Melanargia galathea* (Barranco del Río Lobo, Burgos). F. Licaénido Ícaro *Polyommatus icarus* (El Padul, Granada).

La Familia Pieridae constituye las denominadas mariposas blancas y amarillas (Figura 32). Como su nombre indica estas mariposas diurnas son generalmente de color blanco o amarillo con alguna mancha negra o con el borde externo de las alas de color más oscuro. Son más pequeñas que los papiliónidos y las orugas también son más pequeñas y comparativamente delgadas.

Otro grupo importante de lepidópteros diurnos lo constituye las denominadas vanesas y ninfas, Familia Nymphalidae (Figura 33). Son mariposas de tamaño medio a grande, con colores llamativos en la parte superior y pardo, poco llamativo, en la inferior, de forma que cuando pliegan las alas verticalmente sobre el cuerpo se camuflan de posibles predadores. Las patas anteriores están muy reducidas. Las larvas, las orugas, suelen presentar espinas. Entre los ejemplares más característicos se encuentran la tornasolada (*Apatura iris*), la mariposa de los cardos (*Vanessa cardui*), la vanesa atalanta (*Vanessa atalanta*), la nacarada (*Argynnis paphia*) o la ortiguera (*Aglais urticae*). Es de destacar la presencia en el sur de la provincia de Cádiz de la mariposa monarca (*Danaus plexippus*) que puede alcanzar los 10 cm de envergadura (Figura 32). Este es el único enclave en el que se encuentra de toda Europa, concretamente en el Campo de Gibraltar cerca de Castellar de la Frontera. En esta área se encontró por primera vez en 1994 junto al curso del Río Guadarranque, donde existe una población asentada y es fácil observarla. Se alimentan de plantas que resultan venenosas para la mayoría de los herbívoros (como las asclepias) lo que les aporta una toxicidad que les sirve de defensa. Los colores negro y amarillo de las orugas y negro y naranja de las mariposas alertan de esta toxicidad. La mariposa monarca en estas poblaciones no realiza migraciones como ocurre en Norteamérica.

Los satíridos (Familia Satiridae) son mariposas de tamaño pequeño a mediano, de colores pardos, algo anaranjados, que presentan manchas oscuras en sus alas a modo de ocelos. En reposo pliegan las alas verticalmente sobre el cuerpo. Al igual que en las vanesas, las patas anteriores están muy reducidas. Las larvas se alimentan de gramíneas y presentan colores crípticos verdes o pardos que les sirven de camuflaje y presentan dos púas en el extremo posterior.

La Familia Lycaenidae también la constituyen mariposas pequeñas pero de colores generalmente vistosos (en el caso de los machos principalmente) por la parte superior de las alas. Las patas delanteras están muy poco desarrolladas en estas mariposas. Algunas de las orugas de estas mariposas tienen unas glándulas dorsales que segregan un néctar azucarado que recogen las hormigas.

### 7.11.2 Polillas

Popularmente se denomina polillas a ciertas mariposas, generalmente pequeñas, mayoritariamente nocturnas, que pliegan las alas sobre su cuerpo a modo de tejadillo (Figura 34). Este término popular realmente no corresponde a un único grupo de lepidópteros, de hecho, desde el punto de vista amplio del término, se incluirían otros insectos voladores de pequeño tamaño cuyas larvas suelen hacer daño a los alimentos almacenados.

Las polillas se suelen caracterizar por su pequeño tamaño así como por plegar las alas en reposo sobre el cuerpo en forma de tejadillo. Muchas polillas presentan las alas rectangulares, sobre todo las delanteras. Sus colores suelen ser apagados aunque en muchos

A
5 mm
B
0,5 mm
C
5 mm
D
1 mm
E
2,5 mm
F
1 mm
G
5 mm

casos, vistas bajo la lupa, se encuentran brillos metálicos plateados o dorados. Algunas polillas reciben el nombre común derivado de la planta de la que se alimentan sus orugas, como es el caso de la polilla del manzano, la hilandera de los brotes de pino, la polilla de la ropa, la polilla de las alfombras, la piral de la ortiga o la polilla de la col. Algunas polillas presentan antenas muy largas como ocurre en los tortrícidos (Familia Tortricidae). Otras presentan antenas muy cortas y un tórax muy velludo que les da apariencia de buitre, como ocurre con los hepiálidos (Familia Hepialidae). Las zigenas (Familia Zygaenidae) son un tipo de polillas diurnas de colores algo más vivos.

Las polillas de mayor tamaño o mariposas nocturnas son mucho menos conocidas por la sociedad que las mariposas diurnas, debido también a que no solemos ir al campo a pasear de noche, ni nuestros ojos están adaptados para ver en la oscuridad. Además los colores de las mariposas nocturnas son menos llamativos que los de la mayoría de las mariposas diurnas (Figura 35). Muchas de estas grandes polillas presentan los órganos timpánicos en el tórax y algunas adaptaciones para esquivar a uno de sus principales enemigos, el murciélago. No obstante, muchas de las familias que se mencionan a continuación tienen especies que tienen hábitos diurnos o crepusculares, pero no exclusivamente nocturnos.

Los lasiocámpidos (Famila Lasiocampidae) son polillas de tamaño medio, generalmente unos 3 a 4 cm, cuerpo robusto y coloración poco llamativa. Las alas reposan paralelamente al cuerpo, sobre él. Sus antenas son características plumosas, como ocurre en muchas otras familias de mariposas nocturnas. Las hembras son más grandes que los machos. Las larvas son velludas, en ocasiones provistas de pelos urticantes. Algunas especies crean nidos de seda y forman agregaciones de orugas. Existen especies con el aparato bucal de los adultos atrofiado, por lo que no se alimentan siendo mariposas.

La Familia Saturnidae está compuesta por mariposas nocturnas de gran tamaño como los pavones y las isabelinas. Los adultos no se alimentan ya que tienen el aparato bucal atrofiado. Tienen grandes alas, cuerpo grande, antenas plumosas y en ocasiones las alas posteriores presentan colas, como es el caso de las isabelinas. Las orugas suelen ser robustas, de color verde y a veces con pelos largos y recios. Los machos suelen tener las antenas más largas y plumosas que las hembras, lo que les sirve para localizar las feromonas de estas. Suelen tener unas características manchas circulares en las alas a modo de ocelos, que probablemente sirvan para ahuyentar a

**Figura 34**

Polillas. A-C. Detalles de un geométrido (Familia Geometridae), *Rhodometra sacraria* incluidos los ojos y la espiritrompa (B) (Jaén). D. Detalle del extremo del ala con escamas de un noctuido del género *Cirrhia* (Familia Noctuidae, Jaén). E y F. Detalles de un pirálido (Familia Pyralidae) *Plodia* sp. con apariencia escamosa y metalizada (Jaén). G. Detalle de las antenas de *Ocnogyna baetica* (Familia Erebidae, Jaén).

A
1 cm
Graellsia isabellae
B
1 cm
Saturnia pyri
C1
1 cm
C2
Hyles lineata
D
1 cm
Cerura vinula
E
0,5 cm
Arctia villica
F
0,5 cm
Cirrhia sp.
G
0,5 cm
Noctua probua

posibles predadores, dado que parecen grandes ojos. La isabelina (*Graellsia isabellae*) es una de las mariposas más grandes de España y se encuentra principalmente en áreas montañosas con bosques de coníferas.

Las esfinges (Familia Sphingidae) son lepidópteros nocturnos robustos, algunos de ellos de gran tamaño. Una de sus principales características es la forma de sus alas, siendo las alas anteriores triangulares, acabadas en punta. Cuando se encuentran en reposo, las alas se mantienen planas sobre el cuerpo y la forma de las alas otorga a la esfinge una apariencia de flecha. Su probóscide es bastante larga y la emplean para libar el néctar de las flores mientras permanecen en vuelo sobre la flor. Su vuelo, preciso, les permite mantenerse paradas en el aire con un batir de alas tan rápido que recuerda al de los colibríes. Algunas esfinges carecen de probóscide y no se alimentan en estado adulto. Las orugas suelen ser recias y de color verde, con un cuerno curvo en el extremo posterior.

Las harpías (Familia Notodontidae) también tienen el cuerpo robusto y las alas muy largas, las cuales pliegan sobre el abdomen durante el reposo. Generalmente son de colores crípticos, grises o pardas. Los adultos no se alimentan. El cuerpo y las patas suelen ser muy velludos y las antenas plumosas.

Dentro de la Familia Erebidae se pueden diferenciar dos grupos relativamente abundantes, los limántridos y las quelonias Los limántridos (Subfamilia Limantrinae) a simple vista pueden recordar a los lasiocámpidos, si bien su coloración es más clara y suelen tener un tamaño algo menor. Muchos limántridos tienen las antenas plumosas bien desarrolladas. Las orugas en cambio son muy velludas. Las quelonias (Subfamilia Arctiinae) presentan una coloración muy vistosa, a menudo avisando a los depredadores de su toxicidad. Una de las más comunes en el sur de España es la quelonia o gitanilla (*Arctia caja*) con sus características alas moteadas, antenas plumosas y tórax velludo. Las procesionarias (Familia Thaumatopoeidae) tienen cierto parecido con los limántridos.

Los noctuidos son una de las familias (Noctuidae) más amplias de mariposas nocturnas. Como tantas mariposas nocturnas tienen el cuerpo robusto. Las alas delanteras son generalmente más oscuras que las posteriores de forma que cuando están en reposo quedan camufladas ya que las alas delanteras cubren las alas traseras. Las alas traseras pueden ser en algunas especies de color blanco, amarillo o naranja, como en el caso de la acedera (*Noctua pronuba*).

Figura 35

Lepidópteros nocturnos: Saturnidos, harpías, esfinges, noctuidos y quelonias. A. Isabelina *Graellsia isabellae* (recientemente *Actias isabellae*, Familia Saturnidae, de Arroyo de los Anchos, Jaén). B. Gran pavón nocturno *Saturnia pyri* (Familia Saturnidae, del Trevenque, Granada). C. Esfinge rayada *Hyles lineata* (Familia Sphingidae, Jaén). D. Harpia *Cerura vinula* (Familia Notodontidae, de Palma del Río, Sevilla). E. Quelonia de manchas crema *Arctia villica* (Familia Arctidae, Jaén). F. *Cirrhia* (Familia Noctuidae, Jaén) G. *Noctua pronuba* (Familia Noctuidae, Jaén).

Las antenas pueden ser relativamente largas y generalmente orientadas hacia atrás y a los lados. Las larvas son orugas de colores verdes o marrones que en algunos casos constituyen plagas agrícolas. En reposo tienen forma triangular.

Por último, la Familia Geometridae está representada por pequeñas mariposas de cuerpo muy esbelto, las geómetras. Una de sus características distintivas es la disposición extendida hacia los lados de las alas cuando están en reposo sobre una superficie. En algunas especies las alas están dirigidas hacia atrás dando una morfología triangular a estas mariposas. Las larvas son delgadas, carentes de vello, de colores verdes o marrones que les permiten camuflarse. El movimiento de las larvas, arqueando el cuerpo para acercar la parte trasera a la delantera y extendiéndolo a continuación para lanzar la parte delantera hacia delante, recuerda a una persona que estuviera midiendo a palmos, por lo que popularmente reciben el nombre de medidores de tierra. Las orugas se pueden camuflar cuando se quedan extendidas e inmóviles asemejando pequeñas ramitas.

## 7.12 Dípteros: Moscas, moscardas, tábanos, mosquitos y típulas

Las moscas y moscardas pertenecen al Orden Diptera, al igual que los mosquitos, típulas y otros grupos. Los dípteros son un orden de insectos cuyo nombre indica que solo tienen dos alas, que corresponden a las alas anteriores, dentro del esquema general de los insectos. Estas alas son membranosas y con escasas nerviaciones (o venaciones). El par de alas posterior se ha transformado en dos balancines, los halterios, que emplean para estabilizar y dirigir el vuelo. La mayor parte del tórax está compuesto por el mesotórax. Las moscas adultas no tienen mandíbulas masticadoras, sino que poseen un aparato bucal chupador o chupador y picador, que forma una trompa no articulada. Las larvas sí que tienen mandíbulas masticadoras, por ejemplo las larvas de mosca que se alimentan de cadáveres. Por lo tanto, es muy frecuente que los dípteros en estado adulto se alimenten de líquidos. Las mandíbulas de muchas moscas son vestigiales o se han perdido, pero en las especies en las que existen, se encuentran mejor desarrolladas en las hembras de los grupos succionadores de sangre, donde se han modificado actuando como lancetas para perforar la piel de sus víctimas. Asociados con la alimentación a base de fluidos, en los dípteros están los palpos labiales y el ápex del labium, los cuales están fusionados en un par de lóbulos flexibles.

Las antenas son generalmente cortas, mientras que los ojos son especialmente grandes, ocupando gran parte de la cabeza. En algunas familias los ojos llegan a contactar en la parte superior de la cabeza; a esta morfología se le denomina holóptica y permite una visión casi completa alrededor del individuo. Los dípteros se diferencian en tres subórdenes, en buena medida en función del tipo de antenas: Nematocera, Brachycera y Cyclorrhapha.

Las larvas de los dípteros tienen una amplia gama de hábitos y hábitats, y una forma ampliamente variada dentro de su aspecto vermiforme. Las larvas viven en el agua, en materia orgánica en descomposición, tejidos animales y vegetales vivos, excrementos o fruta, dependiendo del grupo. Las larvas de algunos dípteros parasitan plantas o animales. Carecen de verdaderas patas pero muchas presentan excrecencias carnosas que, como falsas extremidades, les permiten desplazarse. La cabeza de las larvas de los nematóceros suele ser relativamente grande respecto al resto del cuerpo y presenta una mandíbula mordedora. Las larvas de los braquíceros presentan una cabeza muy pequeña. Las larvas del Suborden Cyclorrhapha no poseen una cabeza claramente desarrollada. Las moscas se desarrollan mediante metamorfosis completa (huevo, larva, pupa y adulto), es decir, son organismos holometábolos.

Existen más de 50.000 especies descritas y, con tanta variedad, podemos encontrar también una amplia variedad en los hábitats en los que se desarrollan y en los modos de alimentación que exhiben. Algunas especies se alimentan de néctar de flores y otras de jugos vegetales; otros dípteros se alimentan de materia orgánica en descomposición mientras que otros son hematófagos. Algunas larvas comen vegetales penetrando dentro de los tallos o raíces, o comen hojas. Algunas se alimentan de frutos y otras producen la formación de agallas al picar los tejidos vegetales. *Dryomyia lichtensteini* induce mediante su picadura la formación de agallas sobre el envés de las hojas de encinas y alcornoques. Otras larvas se alimentan exclusivamente de carne de animales vivos (infectando heridas) y otras comen tejidos animales o vegetales en descomposición.

Ciertas moscas son claramente beneficiosas para los humanos, porque ayudan a polinizar flores o viven como parásitos de insectos que son perjudiciales. Sin embargo, algunas especies pueden considerarse dañinas para los humanos, ya que constituyen plagas destruyendo frutas y hortalizas, y otras transmiten enfermedades, como la del sueño en el caso de la mosca tsé-tsé (*Glossina palpalis*).

De los cuatro órdenes más importantes de insectos holometábolos, solo los coleópteros son similares en antigüedad, con un origen en ambos que se remonta al menos al Triásico medio, hace unos 240 millones de años. Los himenópteros son ligeramente menos antiguos (Triásico superior) y los lepidópteros son los más recientes en originarse (Jurásico). Los parientes primitivos más próximos a los dípteros son tres familias del Pérmico superior encontradas en sedimentos de Australia y Eurasia, de hace entre 260 y 250 millones de años. El díptero verdadero más antiguo, *Grauvogelia arzvilleriana*, apareció en los sedimentos del Triásico medio (240 millones de años) de la formación Grès-à-Voltzia de Francia. Desde su aparición, los dípteros se diversificaron rápidamente, y ya en el Triásico superior habían aparecido los principales infraórdenes de dípteros.

### 7.12.1 Moscas

Las moscas domésticas pertenecen a la Familia Muscidae, aunque son ampliamente conocidas por todos y causan mucha molestia en época estival son organismos claramente desconocidos en detalle (Figura 36). Entre otras características, las moscas comunes (*Musca domestica*) tienen los ojos compuestos de gran tamaño y coloración rojiza, el tórax es de color gris con cuatro rayas oscuras, y el abdomen es amarillento, sobre todo en la parte ventral. El cuerpo, como en buena parte de los dípteros, está cubierto de pelos (pilosidad). Como ocurre en el resto de dípteros, posee un par de alas funcionales mientras que el otro par, el trasero, funciona como balancines (o halterios) para estabilizar el vuelo. Las moscas comunes (Familia Muscidae) aparecieron tras la extinción en masa del límite Cretácico/Paleógeno, aquella que acabó con los famosos dinosaurios y otros muchos grupos de organismos.

**Figura 36**
Moscas y moscardas. A. Mosca común *Phaonia viarum* (Familia Muscidae, de El Padul, Granada). B y C. Moscarda verde *Lucilia caesar* (Familia Calliphoridae, Jaén). D-F. Moscarda de la carne *Sarcophaga carnaria* (Familia Calliphoridae, Jaén) detalle de los ojos (D), vista lateral (E) y vista ventral (F). G-I. Moscarda azul o moscardón *Calliphora vomitoria* (Jaén) en vistas dorsal (G), ventral (H) y detalle del rostro (I).

Las moscas y moscardones se alimentan a base de absorber los líquidos de superficies mediante una par de almohadillas esponjosas que se encuentran en el extremo de las piezas bucales. Pero también pueden alimentarse de sólidos, como el azúcar cristalizado, vertiendo jugos digestivos para posteriormente absorber la mezcla. Otras moscas no se alimentan durante el estado adulto.

En los países subdesarrollados, los múscidos pueden llegar a ser perniciosos cuando se desarrollan brotes epidémicos, ya que favorecen la transmisión de algunas enfermedades como la fiebre

A
Phaonia viarum
5 mm
B
Lucilia caesar
2 mm
C
2 mm
E
Sarcophaga carnaria
F
5 mm
D
1 mm
G
5 mm
H
5 mm
I
1 mm

tifoidea o el cólera, al contaminar los alimentos del hombre con los microbios que se adhieren a los pelos de sus patas cuando se posan en excrementos en los que ponen los huevos y nacen sus larvas. También pueden contaminar los alimentos cuando regurgitan sobre ellos después de haberse alimentado de materia en descomposición como carroña o de excrementos. Estos problemas de salubridad prácticamente se han erradicado en los países desarrollados donde existen redes de saneamiento. Las moscas domésticas ponen sus huevos en racimos de 100 unidades o más, y cada hembra puede depositar hasta 20 racimos de huevos. Los huevos tardan en incubar entre 12 h y tres días según la temperatura del entorno. Las larvas se alimentan y crecen durante un periodo variable entre 5 y 20 días, tras lo cual se forma la crisálida y surge la mosca en estado adulto al cabo de pocos días. En algunos casos, el ciclo vital de la mosca puede completarse en poco más de dos semanas.

Las moscas de la fruta (Familia Tephritidae), algo más pequeñas que las moscas domésticas, se cuentan entre las peores plagas. Ponen los huevos debajo de la piel de la fruta, donde posteriormente las larvas se alimentan abriendo túneles. A continuación, la larva cae al suelo, donde se produce la metamorfosis. La larva de la mosca mediterránea de la fruta (*Ceratitis capitata*) se alimenta de una amplia gama de frutas (naranjas, melocotones, peras, manzanas...). Esta mosca tiene los ojos rojos, el tórax es entre negro y amarillo grisáceo y el abdomen presenta un color anaranjado con 2 bandas transversales plateadas. Las alas son claras, con venas negras y puntos negros. Otra mosca de la fruta es la mosca de la cereza (*Ragholetis cerasi*).

Otra mosca ampliamente conocida es la mosca del vinagre o *Drosophila melanogaster*, perteneciente a la Familia Drosophilidae, que se nutre de los zumos de fruta en fermentación, por lo que suele abundar cerca de fruta en descomposición, vinagre y vino. Su tamaño es pequeño (2,5 mm). Se caracteriza por tener unos ojos de color rojo, algo más pequeños que los de muchos dípteros, y presentar un color verde oliva con rayas negras transversales en el abdomen. Es muy común en bodegas y lagares, pero también en laboratorios. Pero en este segundo caso no ocurre porque sea su entorno natural, sino porque, dado su rápido ciclo biológico (10 días) y su numerosa descendencia, se emplea para estudios genéticos.

La Familia Tachinidae son moscas peludas, algunas de gran tamaño, como *Tachina grossa*, cuyas larvas son parásitas

de orugas y otros insectos jóvenes. Algunas atacan a chinches y saltamontes adultos. En el caso de *Tachina grossa*, está especializada en orugas (FIGURA 37).

**Figura 37**
MOSCAS CERNÍCALO Y PARÁSITAS. A. MOSCA PARÁSITA *TACHINA GROSSA* (FAMILIA TACHINIDAE, DE LAGUNAS DE NEILA, BURGOS). B. *EPISYRPHUS* SP. (FAMILIA SYRPHIDAE, DE EL PADUL, GRANADA). C-G. VISTAS VENTRAL, DORSAL Y DETALLES DE LA CABEZA Y ABDOMEN DE *VOLUCELLA ZONARIA* (FAMILIA SYRPHIDAE, JAÉN).

### 7.12.2 Moscardas y moscardones

La Familia Calliphoridae está compuesta por moscas robustas (FIGURA 36). Se alimentan de jugos presentes en superficies empleando unas piezas bucales a modo de esponjas. Crían en excrementos y carroña. Algunas larvas pueden ser parásitas. La moscarda de la carne *Sarcophaga carnaria* es una mosca de gran tamaño que se caracteriza por tener los ojos rojos y un color oscuro con rayas blancas longitudinales. Esta moscarda cría en la carroña, de ahí su nombre, Es curioso el nombre,

Figura 38

A. Tábano *Tabanus bovinus* (Familia Tabanidae, de Uña, Serranía de Cuenca). B-E. *Sphaerophoria* sp. (Familia Syrphidae, Jaén) en diferentes vistas junto con detalles de sus grandes ojos compuestos.

*Sarcophaga carnaria*, por la reiteración que implica ya que además de carnaria, el nombre del género *Sarcophaga* indica que se come la carne (que es lo que significa sarcófago). La moscarda de la carne no pone huevos sino que los huevos eclosionan en el interior del cuerpo de la hembra de donde aparecen directamente las larvas.

El moscardón azul, o moscarda azul de la carne, *Calliphora vomitoria* tiene unos hábitos parecidos a *Sarcophaga carnaria*, si bien su tamaño es menor. Se caracteriza por su color azul oscuro con brillo metálico y sus ojos rojos. La hembra siente atracción por el pescado y la carne, donde pone los huevos.

La moscarda verde *Lucilia caesar* es más pequeña que las anteriores. También tiene los ojos rojos y el abdomen y el tórax presentan un característico color verde esmeralda con brillo metálico. Suele encontrarse sobre estiércol, carroña y flores. La hembra a veces pone los huevos en las heridas de los animales domésticos, que suelen infectarse y son alimento de las larvas.

### 7.12.3 Moscas cernícalo

Los miembros de la Familia Syrphidae son moscas de las flores que muestran un gran parecido con las abejas en cuanto a tamaño y aspecto, con un abdomen listado con franjas amarillas y negras (Figuras 37 y 38). Además, realizan un zumbido similar al de las abejas, lo que les sirve para alejar a posibles enemigos. Presentan una sorprendente habilidad para volar y pueden quedar suspendidas en el aire mientras baten las alas e incluso volar en cualquier dirección, por esta razón también se las conoce como moscas flotantes. Como buenas voladoras tienen unos enormes ojos compuestos que entran en contacto en la parte central superior de la cabeza. Ponen los huevos en carroña, excrementos y aguas estancadas. Sin embargo son muy útiles por su labor como polinizadoras. Las larvas de los sírfidos son depredadoras de una amplia gama de insectos de pequeño tamaño, muchos de ellos plagas importantes. Salvo casos excepcionales como *Volucella zonaria*, cuyas larvas son detritívoras, la inmensa mayoría de especies es importante en el control biológico de numerosas plagas, destacando los géneros *Syrphus, Episyrphus, Scaeva, Eupeodes* y *Sphaerophoria*. Entre los sírfidos se pueden destacar, por su abundancia en la península, a *Syrphus ribesti* y *Volucella zonaria* (Figura 37).

### 7.12.4 Moscas cazadoras o salteadoras

Los asílidos son moscas depredadoras que existen desde el Jurásico superior, de acuerdo con el registro fósil. Una característica de los miembros de la Familia Asilidae es que presentan unas piezas bucales con forma de daga que emplean para perforar el cuerpo de otros insectos y posteriormente succionar los fluidos de su interior. Aunque externamente podrían confundirse con los tábanos, su abdomen es más delgado y alargado y presentan el cuerpo peludo. Sus patas son robustas y las alas permanecen plegadas planas cuando está en reposo. Algunas especies tienen un patrón de colores constituido por rayas amarillas y negras que las asemeja a abejorros, los cuales constituyen una de sus presas. Viven en prados y monte bajo, donde suelen esperar posados al acecho de presas. Persiguen y atrapan a su presa en vuelo y su ataque es rápido y preciso, lo que les posibilita la captura de presas más grandes que ellos. Las larvas de los asílidos viven enterradas en el suelo o en troncos podridos, donde se alimentan de otras larvas o de materia orgánica muerta. Las hembras pueden matar a los machos, por lo que el apareamiento se realiza mientras la hembra está ocupada alimentándose. Otras familias, como Empididae y Dolichopodidae, son igualmente predadoras (Figura 39).

### 7.12.5 Tábanos

Los tábanos (Familia Tabanidae) son probablemente los dípteros más voraces que hay. Son moscas de cuerpo robusto y gran tamaño; alcanzan los 3 cm (Figura 38). Tienen un vuelo rápido. Se reconocen por su color verde oscuro y la presencia de rayas longitudinales en su tórax. Los ojos ocupan la mayor parte de la cabeza y presentan, en algunas especies, unas franjas iridiscentes en los ojos que, sin embargo, desaparecen al poco de morir el individuo. Las antenas son gruesas. Los machos se nutren de flores mientras que las hembras son hematófagas, es decir, se alimentan de sangre. La boca de las hembras tiene mandíbulas que presentan forma de hojas afiladas como cuchillos y las maxilas en forma de largos estiletes que emplean para cortar la piel de la víctima, mientras que una almohadilla carnosa se empapa de la sangre que brota de la herida. Producen picaduras muy dolorosas empleando los agudos estiletes de su trompa. Otra de las características es su insistencia cuando han encontrado una víctima. Los tábanos depositan sus huevos en los tallos de las plantas en zonas húmedas. Las larvas viven enterradas y se alimentan de otras larvas o de lombrices durante varios meses. Los ejemplares adultos suelen encontrarse cerca del ganado. La Familia Tabanidae apareció en el Jurásico superior hace entre 160 y 145 millones de años, por lo que las hembras de entonces debieron de alimentarse de la sangre de los dinosaurios, y así debió de ocurrir durante muchos millones de años.

### 7.12.6 Mosquitos

Los mosquitos de la Familia Culicidae son dípteros nematóceros que existen desde mediados del periodo Cretácico (desde hace aproximadamente 100 millones de años). Hay un excelente registro fósil de mosquitos en sedimentos lacustres y en ámbar. Sin embargo, si nos remontamos a los parientes más antiguos de los culícidos, los primeros culicomorfos, el más antiguo es un único espécimen del Triásico, *Aenne triassica*, procedente de Inglaterra, con aproximadamente 210 millones de años. Los culicomorfos se diversificaron durante el Jurásico. Las formas actuales con un registro más antiguo son *Leptoconops* sp. y *Austroconops* sp., ambas hematófagas, que aparecieron en el ámbar cretácico del Líbano.

Su cuerpo es alargado y tanto las alas como las patas son muy largas (Figura 39). Las hembras de los culícidos son hematófagas y presentan la boca en forma de aguja para succionar (probóscide). Esta especie de aguja hipodérmica está formada por dos piezas que se acoplan y que a su vez están protegidas por una vaina que se retrae cuando el mosquito se dispone a perforar la piel de su víctima. La sangre succionada activa en la hembra el proceso de puesta de huevos, ya que las proteínas que adquiere aportan a los huevos una mayor consistencia. El macho se distingue por sus antenas plumosas y por los palpos velludos, y se alimenta de néctar. Los culícidos tienen hábitos nocturnos. Se pueden diferenciar dos subfamilias, los culicinos y los anofelinos. Los culicinos, como *Culex pipiens, Culiseta annulata* y *Aedes punctor*, se posan con el abdomen paralelo al sustrato, mientras que los anofelinos, como *Anopheles plumbeus,* se posan con el cuerpo inclinado disponiendo el abdomen hacia arriba. Ambos grupos mantienen las alas plegadas durante el reposo y tienen el tercer par de patas levantado mientras succionan sangre. El mosquito común (género *Culex*) se distingue, además de por su postura posado, por tener las alas transparentes, mientras que *Anopheles* presenta manchas en sus alas. La hembra del anofeles tiene los palpos tan largos como su trompa o probóscide, lo que también sirve para identificarlos.

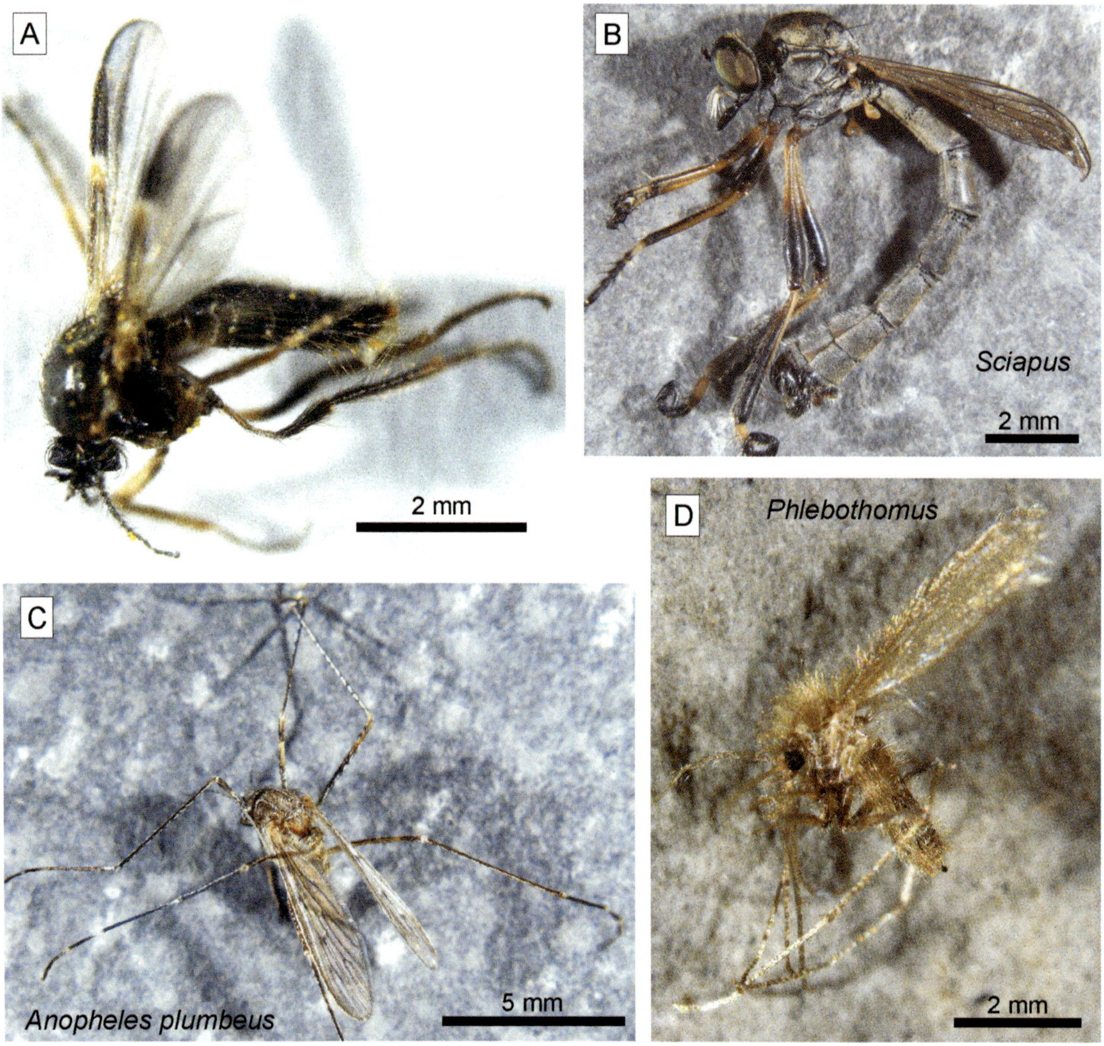


Las especies del género *Anopheles* son ampliamente conocidas por transmitir la malaria o paludismo, una de las enfermedades más extendidas por el mundo (Figura 39). La picadura de la hembra es vector de transmisión de los protozoos del género *Plasmodium* que provocan dichas fiebres al infectar los glóbulos rojos. La fiebre amarilla es transmitida por el género *Aedes*. Más de 300 tipos de virus son transmitidos por los mosquitos (culícidos) y beatas (ceratopogónidos), siendo las enfermedades más peligrosas el dengue, la fiebre amarilla, el zika, la elefantiasis, la filariasis y varias encefalitis.

La mayor parte de las larvas de los culícidos se alimentan de algas y de restos de materia orgánica presentes en el agua de ríos, charcas y lagunas. Algunas larvas se alimentan de las larvas de otros insectos, incluidos mosquitos. Como nematóceros que son, las larvas presentan una cabeza bastante grande en relación con el cuerpo.

Otros mosquitos hematófagos no corresponden a la Familia Culicidae; es el caso de *Simulium equinum* (Familia Simulidae) y *Culicoides obsoletus* o beata (Familia Ceratopogonidae). Las beatas se reproducen cerca de charcas y turberas, pero en estado adulto suelen vivir alrededor de cortijos y casas de campo resultando tremendamente molestas y difíciles de observar dado que su tamaño no supera los 4 mm. Al igual que ocurre con los culícidos, solo las hembras se alimentan de sangre.

Los mosquitos carecen de veneno, por lo que no es esa la razón del escozor de sus picaduras. A la vez que la hembra va chupando nuestra sangre, nos inyecta una sustancia anticoagulante que hace que la sangre siga fluyendo. Nuestro sistema inmunológico identifica a esta sustancia como extraña y libera histamina para combatirla, lo que provoca la hinchazón en la zona de la picadura y causa la irritación de los nervios. Pero no es un veneno al estilo del que emplean las avispas y abejas. Los mosquitos detectan a sus presas mediante el olfato y muestran preferencia por el grupo sanguíneo 0, más que por los tipos A y B.

Figura 39

Distintos ejemplares de "mosquitos". A. Depredador empídido indeterminado (Familia Empididae, de Armilla, Granada). B. Depredador *Sciapus platypterus* (Familia Dolichopodidae, El Padul, Granada). C. Hematófago *Anopheles plumbeus* (Familia Culicidae, El Padul, Granada). D. Pequeño hematófago *Phlebothomus* sp. (Familia Psychodidae, Ogíjares, Granada).

### 7.12.7 Típulas

Las típulas (Familia Tipulidae) son unos dípteros de cuerpo alargado, que recuerda a los mosquitos. Aparecieron en el Triásico medio, hace entre 240 y 230 millones de años. Su aspecto es delicado y tanto sus alas como sus largas patas son muy frágiles. Se pueden diferenciar de los mosquitos fácilmente por la sutura en forma de V que presentan en el tórax. Las especies mayores, como *Tipula maxima* y *Tipula oleracea,* suelen posarse con las alas extendidas en un ángulo aproximado de 90° (Figura 40). Las especies más pequeñas, como *Limonia tubeculosa,* suelen posarse con las alas plegadas. Mientras están posadas, suelen oscilar arriba y abajo sobre sus patas. Habitan en prados y valles húmedos, donde las especies de menor tamaño pueden formar enjambres para el apareamiento. La puesta se realiza sobre el suelo y la hembra puede poner más de mil huevos a lo largo del verano.

Las larvas tienen morfología cilíndrica y carecen de extremidades, pero en cambio tienen potentes aparatos bucales. Continúan viviendo en el interior del suelo, donde tienen lugar cuatro mudas antes de la pupa. Se alimentan de raíces y de ramas tiernas de las hierbas. Los adultos se alimentan de néctar y otros fluidos, si bien no suelen consumir mucho alimento. Pese a que la apariencia de las típulas recuerda a la de los mosquitos, estos dípteros son totalmente inofensivos para el hombre y no transmiten enfermedades. Algunas especies ni siquiera se alimentan en la fase adulta.

Figura 40
Detalles anatómicos de algunos dípteros. A-C. *Tipula oleracea* (Familia Tipulidae, Jaén) con vista de la inserción de las alas y los halterios en el tórax (A), detalle de los ojos compuestos (B) y del extremo del abdomen con ovopositor (C). D. Ojos compuestos de un empídido (Armilla, Granada). E. Vista de detalle de tórax y cabeza de *Sciapus* sp. donde se observa un gran ojo compuesto, así como las extremidades y halterios (El Padul, Granada). F. Imagen de detalle de *Phlebothomus* sp. (Ogíjares, Granada).

## 7.13 Himenópteros: Avispas, abejas, abejorros y hormigas

El Orden Hymenoptera es uno de los más extensos y diversos e incluye algunos de los grupos de insectos más populares, como son las avispas, abejas y hormigas. Entre los himenópteros también hay una gran diversidad en cuanto a tamaños. Así, en la Península Ibérica se encuentran insectos tan grandes como *Scolia flavifrons* que pueden alcanzar 40 mm o tan diminutos como los mimáridos, que en algunos casos no alcanzan los 0,2 mm.

El diseño corporal de los himenópteros tiene dos pares de alas membranosas transparentes, estando ambos pares, anteriores y posteriores, unidos por una hilera de ganchos minúsculos proyectados desde la parte frontal de las alas posteriores. Las alas posteriores suelen ser de menor tamaño que las anteriores. En muchas familias la venación alar es reducida y espaciada. La cabeza tiene una gran movilidad en la mayoría de los himenópteros gracias a un delgado cuello. Los ojos en los grupos voladores suelen ser grandes, como es el caso de avispas y abejas, y en cambio son más pequeños en las hormigas. Generalmente existen tres ocelos además de los ojos compuestos. Las antenas de este grupo también tienen una morfología muy variable. Las piezas bucales son, por lo general, de tipo masticador, con mandíbulas dentadas como adaptación a la alimentación de sólidos. Es el caso de las avispas comunes. Otros himenópteros se alimentan de néctar, caso de las abejas, que presentan una larga lengua de forma tubular, pero que sin embargo, mantienen una mandíbula mordedora que emplean, por ejemplo, para la construcción del nido. Los himenópteros son holometábolos y realizan una metamorfosis completa. Las hembras presentan en el abdomen un ovopositor en forma de tubo que en algunos grupos actúa como taladro para depositar los huevos en el interior de animales o plantas, pero otras veces constituye un aguijón conectado a una glándula venenosa.

Los himenópteros se dividen en dos subórdenes: Symphyta y Apocrita. El Suborden Symphyta, que está representado por las denominadas moscas portasierra, se caracteriza por la ausencia de estrechamiento o cintura entre el tórax y el abdomen, algo que no ocurre en el Suborden Apocrita.

La mayor parte de los himenópteros corresponde al Suborden Apocrita. Este grupo presenta, entre otras características distintivas, la presencia de una "cintura" entre el tórax y el abdomen. En detalle, realmente el primer segmento del abdomen (denominado propodeo) se encuentra en el lado del tórax y el estrechamiento del abdomen que hace de cintura se localiza tras él (denominado peciolo), tras el cual se encuentra el resto de segmentos del abdomen (gáster) con la morfología abdominal reconocible de muchos insectos. Se pueden diferenciar dos grandes grupos dentro del Suborden Apocrita: Parasítica y Aculeata. Como indica su nombre, Parasítica es un grupo compuesto por especies de hábitos parasitarios en el que las hembras emplean el ovopositor para perforar los tejidos del huésped en el que colocan sus huevos. La mayoría de los huéspedes son insectos, pero también hay casos que son arañas. El parásito puede estar en el interior del huésped o fijado en su superficie. Los parásitos se alimentan del huésped procurando no dañar ningún órgano vital del mismo hasta que finalmente, cuando han alcanzado el tamaño y madurez suficiente, emergen del interior del huésped que acaba muriendo. El huésped muere generalmente cuando la larva alcanza la fase de pupa.

Dentro de Aculeata se encuentran hormigas, abejas y avispas. En Aculeata el ovopositor está modificado en forma de aguijón con veneno que se emplea tanto para paralizar a las presas como para defenderse. Los huevos son depositados a través de una apertura en la base del ovopositor. El aguijón mismo es un par afilado de gonapófisis que en la base tienen una cámara con veneno denominada bulbo. Muchos insectos sociales pertenecen a este grupo, como es el caso de muchos tipos de avispas, las abejas y las hormigas, que viven en colonias formadas por una (a veces varias) hembra fértil a la que se denomina reina, unos pocos machos y abundantes hembras estériles denominadas obreras. En los miembros sociales de Aculeata, es decir, aquellos que viven en comunidades, y en algunas especies que viven solitarias y se alimentan de flores, el aguijón tiene funciones exclusivamente defensivas.

El Dr. Christopher Starr de la Universidad de las Indias Occidentales (Trinidad y Tobago) publicó en 1985 un artículo científico bastante llamativo en el que propuso un *ranking* de escala del dolor con 0 (sin dolor), 1 (dolor ligero) hasta 4 (dolor traumático). Las abejas de la miel y los abejorros (*Apis* y *Bombus*) alcanzaron un 2 en esta escala del dolor. Algunas avispas como *Polistes*, hormigas de terciopelo (*Dasymutilla*) y las hormigas bulldog australianas (*Myrmecia*) alcanzaron un 3 (fuerte dolor). Los valores más altos, alcanzando el máximo, correspondieron a las avispas cazadoras de tarántulas del género *Pepsis* y la hormiga bala gigante *Paraponera clavata*, que recibe su nombre común por el parecido entre la sensación de su picadura y la de un disparo. La intensidad del dolor de una picadura depende del tamaño del aguijón y de la profundidad de penetración, de la cantidad de veneno inyectado y de la naturaleza del veneno.

Los himenópteros tuvieron una primera radiación evolutiva probablemente en el Triásico superior (220-200 millones de años) y otra en el Jurásico superior (160-145 millones de años), pero la mayoría de grupos apareció y se diversificó durante el Cretácico. Los primeros registros de Aculeata propiamente dichos corresponden al Cretácico inferior, hace entre 145 y 125 millones de años, aunque existen algunas evidencias de formas ancestrales de este grupo como impresiones fósiles en el Jurásico superior de Asia central. El resto de los Aculeata fósiles corresponde a sedimentos cretácicos y más recientes.

### 7.13.1 Moscas portasierra

Las moscas portasierra, (Suborden Symphyta) se denominan así por la morfología del ovopositor, que utiliza para realizar incisiones en las plantas donde pone los huevos. Son un tipo de avispas diurnas de vuelo lento, poco ágil. Las larvas son herbívoras y se alimentan de hojas o bien realizan galerías de alimentación en los tallos. Los adultos de este grupo se alimentan generalmente de néctar, aunque algunas especies son carnívoras ocasionales.

Algunas especies tienen colores muy vistosos como *Sirex juvencus* y *Acantholyda erythrocephala* que presentan tonos azules, o *Abia sericea* y *Rhogogaster viridis* de bonitos tonos verdes. Algunas especies, como *Urocerus gigas* o avispa de la madera, tienen dimorfismo sexual que afecta tanto al tamaño como al color; la hembra es más grande, de color amarillo y negro, mientras que el macho es más pequeño y presenta el abdomen de color rojizo. Este himenóptero pone los huevos en la madera en perforaciones que realiza con el ovopositor. *Urocerus gigas* es el representante de mayor tamaño, pudiendo alcanzar casi 4 cm.

La mayoría de las especies agrupadas bajo la denominación de moscas portasierra pertenece a la Familia Tenthredinidae, la más diversa del Suborden Symphyta, que en algunos casos ocasionan daños en bosques y jardines.

### 7.13.2 Icneumónidos y otros parásitos de insectos

Los icneumónidos son una familia (Icneumonidae) correspondiente al Suborden Apocrita con hábitos parásitos. Sus larvas viven en el sobre o en el interior de las larvas de otros insectos, principalmente orugas de mariposa, pero pueden usar otros insectos en fases juveniles e incluso arañas. Los icneumónidos adultos son esbeltos, con un abdomen muy alargado en algunos casos. Las antenas también son muy largas. Viven entre la hierba, cerca del suelo, donde buscan a los posibles hospedadores involuntarios de sus larvas. Ponen un solo huevo en el hospedador. En las variedades endoparasitarias el icneumónido no abandona al hospedador hasta haber pasado este la fase de pupa, cuando emerge del interior. El hospedador permanece vivo hasta que el icneumónido lo abandona quedando entonces totalmente destrozado.

Las hembras de algunas especies tienen un opositor muy largo, como es el caso de *Lissonota setosa*, que pone el huevo en la oruga de la mariposa del taladro rojo que habita en el interior de los troncos. *Lissonota* perfora el tronco con su ovopositor para llegar hasta la oruga.

Los primeros icneumónidos aparecieron en el Cretácico inferior de Asia y Australia, hace unos 130 millones de años.

La Familia Braconidae también está constituida por himenópteros parásitos; *Apanteles glomeratus* es una especie endoparásita de la oruga de la mariposa de la col. A diferencia de los icneumónidos, la hembra pone numerosos huevos en una sola oruga que emergen antes de que esta haya alcanzado la fase de pupa. Los bracónidos se parecen a los icneumónidos pero presentan un tamaño más pequeño.

Otras familias de himenópteros parasíticos son Evaniidae (*Evania* parasita ootecas de cucarachas), Gasteruptiidae (*Gasteruption* sp. parasita larvas de abejas solitarias y *Aulacus* sp. parasita larvas de escarabajos de la madera y moscas portasierra), Leucospidae (*Leucospis* sp. parasita larvas de abejas solitarias), Pteromalidae (*Pteromalus* sp. parasita las orugas de la mariposa blanca), y Torymidae (*Torymus* sp. parasita a las larvas de las avispas de las agallas).

### 7.13.3 Avispas de las agallas

La Familia Cynipidae pertenece al Suborden Apocrita, son las denominadas vulgarmente como avispas de las agallas. Se denominan así porque cuando los huevos que pone la hembra en el tejido vegetal se abren, inducen la formación de agallas. La agalla es un crecimiento anómalo del tejido vegetal que se produce como respuesta a la presencia de las larvas de estas avispas. Normalmente los cinípidos actúan sobre los robles (p. ej., *Andricus kollari, Cynips coronatus* y *Neuroterus quercusbaccarum*), zarzas (p. ej., *Diastrophus rubi*) y rosales (*Diplolepis rosae* y *D. nervosus*). Las larvas crecen a costa de los tejidos de la agalla. Puede existir una única larva por agalla formando una única cámara de habitación, lo que entonces se denomina agalla unilocular (caso de las especies *Andricus kollari* y *Liposthenus latreillei*), o varias larvas con sus correspondientes cámaras, siendo entonces agallas pluriloculares (caso de las especies *Diastrophus rubi* y *Phanacis hypochoeridis*). Los cinípidos pasan la pupa dentro de la agalla. En las agallas se puede observar normalmente un pequeño orificio circular que deja la avispa cuando sale.

Algunas especies tienen fases sexuales y fases partenogenéticas. En la partenogénesis el huevo se desarrolla haya sido fecundado o no. Si se desarrolla partenogenéticamente, da lugar únicamente a machos haploides (contienen un solo juego de cromosomas, el correspondiente a la madre), mientras que si es fecundado, nacen hembras diploides (contienen pares de cromosomas de ambos progenitores). Algunas avispas de las agallas se aprovechan de las agallas formadas por la puesta de otra especie, compitiendo por el alimento con la larva de la avispa.

### 7.13.4 Avispas de abdomen carmesí y hormigas terciopelo

A los componentes de la Familia Chrysididae se les conoce como avispas de abdomen carmesí y se caracterizan entre otros aspectos por su brillo metálico. Suelen tener colores verdes y rojos. Salvo en *Stilbum cyanurum*, que es predominantemente de color verde, el resto de los crisídidos de Europa tiene el cuerpo verde o azulado mientras que el abdomen es de color rojo (*Chrysis ignita, Chrysis fulgida, Cleptes nitidulus* o *Pamopes grandior*). Tienen las alas cortas, los ojos bien desarrollados y la hembra presenta el ovopositor en un tubo retráctil. Ponen los huevos en los nidos de otros himenópteros solitarios, hecho por el que también se las denomina avispas cuco. Las larvas de los crisídidos se alimentan de las larvas del hospedador. Las avispas de

A
Scolia flavifrons
1 cm
B
5 mm
C
1 mm
Sapyga quinquepunctata

abdomen carmesí presentan como adaptación una cutícula muy dura en la región dorsal de su exoesqueleto, que las protege de los ataques del propietario del nido. Entre sus adaptaciones también se encuentra la morfología aplanada del abdomen en su región ventral, lo que le facilita el enrollamiento y así la protección de las áreas en las que el exoesqueleto está menos reforzado. Esta posición de enrollamiento defensivo es la que también se observa en otros artrópodos como los isópodos y en algunos ejemplares fósiles de trilobites. Pese a que los crisídidos tienen aguijón, este no es funcional dado que carecen de veneno.

La Familia Mutillidae, comúnmente denominadas hormigas terciopelo, no son hormigas aunque el nombre puede proceder de la ausencia de alas en las hembras de algunas de las especies, por lo que parecen grandes hormigas velludas. Las larvas de la Familia Mutillidae suelen ser parásitas de otras especies, sobre todo de avispas y abejas. Algunos mutílidos de zonas tropicales tienen picaduras extremadamente venenosas y dolorosas. Los mutílidos son poco frecuentes en el registro fósil, los más antiguos se han encontrado en el ámbar báltico del Eoceno-Oligoceno con unos 35-40 millones años.

En la Familia Scoliidae algunas especies pueden alcanzar gran tamaño, como es el caso de *Scolia flavifrons* que llega a medir 4 cm de longitud (Figura 41). Las avispas escólidas suelen parasitar larvas de escarabajos. En el caso de *Scolia flavifrons*, suele parasitar a *Oryctes nasicornis*, un tipo de escarabajo rinoceronte. Los adultos se alimentan de néctar de flores y son inofensivos para el hombre.

**Figura 41**
Scolidos y sapígidos. A. *Scolia flavifrons* (Familia Scolidiidae, Jaén). B y C. *Sapyga quinquepunctata* (Familia Sapygidae, Jaén).

## 7.13.5 Hormigas

La Familia Formicidae es una de las más diversas dentro de los artrópodos y su aparición data del Cretácico superior. Su origen se produjo hace unos 120 millones de años, como indican los restos fosilizados en el ámbar cretácico de tres continentes. Sin embargo, su proliferación se produjo hace unos 70 millones de años, algo antes de la extinción de los dinosaurios. Ya en el Paleógeno, los restos de hormigas fósiles en ámbar y como impresiones en el sedimento son muy abundantes.

Las hormigas son insectos sociales que, entre otras cosas, se caracterizan por presentar castas: obreras, machos y reina (Figura 42). La casta más numerosa la componen las obreras, que son siempre ápteras, es decir, son formas no aladas. Las formas sexuales

A
B
5 mm
5 mm
C
D
1 mm
1 mm
E
F
1 mm

son siempre aladas, pero cuando se convierten en reinas pierden sus alas. Estas formas aladas, llamadas en algunas zonas del sur de España "alúas" (adaptación de aludas), aparecen principalmente hacia finales del verano y principios de otoño.

Las hormigas presentan un estrecho cuello y una estrecha cintura. A esta cintura se la denomina pedicelo y está constituida por uno o dos segmentos. Los ojos de las hormigas son muy pequeños, sobre todo si se compara con otros himenópteros. En muchos géneros las antenas forman un codo. La cabeza y la mandíbula de los machos soldados es especialmente grande, siendo la casta destinada a la defensa. Algunas hormigas tienen aguijón, como es el caso de la hormiga roja (*Myrmica rubra*), otras pueden emitir ácido fórmico cuando se las molesta, como es el caso de la hormiga de los bosques *Formica rufa*.

Las hormigas se comunican frotando sus antenas. Las feromonas segregadas por las glándulas exocrinas sirven para comunicar y coordinar a la comunidad. Hay feromonas que incitan a construir caminos, recolectar alimento, dar la alarma, y para la identificación de trabajadores, machos y reinas, entre otras. Esta comunicación tan eficiente es la que hace de las hormigas unos formidables competidores en los ecosistemas.

Hay hormigas de muy variados tamaños y hábitos alimenticios, que incluyen hormigas carnívoras, herbívoras y, sobre todo, omnívoras. Algunas especies, además, recolectan a la vez que protegen a los áfidos, vulgarmente llamados pulgones, de cuya ligamaza se alimentan, es el caso de la hormiga negra *Lasius niger* y *Camponatus vagus*. Las hormigas de la Península Ibérica forman sus nidos u hormigueros en el suelo. Los hormigueros son pequeñas ciudades en las que pueden existir almacenes, huertos de hongos y establos en los que se ordeñan los pulgones. La única ocupación de la reina es poner huevos, ya que una vez que ha sido fecundada puede poner huevos el resto de su vida. Una vez bien desarrollada la colonia se produce el nacimiento de nuevos machos y hembras alados que abandonan el hormiguero.

**Figura 42**
Hormigas (Familia Formicidae). A. Vista completa de una hormiga alada (Jaén). B. Vista completa de una obrera (Jaén). C-D. Vistas de detalle de la hormiga alada. E. Vista frontal del rostro de una hormiga obrera. F. Entrada de un hormiguero (Ogíjares, Granada).

### 7.13.6 Avispas cazadoras, excavadoras y alfareras

Las avispas excavadoras (Familia Sphecidae), las cazadoras (Familia Pompilidae) y las alfareras (Familia Eumenidae) son todas ellas avispas solitarias, al contrario que las avispas comunes o avispas sociales (Familia Vespidae).

Las avispas excavadoras se caracterizan por presentar una cabeza muy grande, especialmente ancha. Se reconoce también por tener las alas planas dispuestas sobre el cuerpo durante el reposo. Las hembras tienen una estructura a modo de peine espinoso en las patas anteriores que emplean para excavar, ya que la mayoría de las especies anidan en el suelo en galerías que excavan. No obstante, algunas especies de esfécidos anidan en la madera en descomposición o construyen sus propios nidos con barro (por ejemplo *Sceliphron destillatorium*) de forma parecida a como lo hacen las avispas alfareras. La hembra captura insectos que paraliza con su aguijón e introduce en el nido formando una despensa en la que realizan la puesta de huevos. Cuando las larvas nacen se alimentan de estos insectos hasta alcanzar la fase de pupa. Muchas de estas avispas tienen el abdomen rojo (por ejemplo *Astata boops*) lo que puede llevar a confundirlas con las avispas de abdomen carmesí, y muchas otras lo tienen amarillo y negro en listas (por ejemplo *Bembix rostrata, Cerceris arenaria, Melinus arvensis*), lo que puede recordar a las avispas comunes, sin embargo la gran anchura de su cabeza es inconfundible. Algunas de estas avispas además se identifican por su gran tamaño y por tener el primer segmento del abdomen muy estrecho y alargado (*Sphex rufocinctus, Sceliphron destillatorium, Podalonia hirsuta*). Algunas especies están especializadas en determinadas presas; es el caso de *Troxylon figulus* que captura arañas, *Crabro cribarius* y *Ectemnius cephalotes* que capturan moscas, *Lestica clypeasta* que captura polillas, *Larra anathema* que persigue en sus galerías a los grillos topo, *Cerceris arenaria* que captura gorgojos, *Philanthus triangulus* que captura abejas, y *Sphex rufocinctus* que captura saltamontes y grillos, entre otros ejemplos. Por lo tanto, son un importante regulador de plagas agrícolas, pero, a su vez, son especies muy sensibles a la desaparición de estas presas por el tratamiento agrícola contra plagas.

Los pompílidos, también conocidos como avispas cazadoras de arañas, reciben su nombre por su predilección por la captura de arañas para alimentar a sus larvas. La cabeza de los pompílidos es más pequeña que en las avispas excavadoras y el pronoto, es decir, la región dorsal del protórax, se extiende hacia atrás hasta la base de las alas. Al igual que las avispas excavadoras, mantienen las alas planas dispuestas sobre el cuerpo durante el reposo. Suelen anidar en suelos arenosos en los que excavan varios nidos, cada uno con un único huevo con una araña paralizada.

*Cryptocheilus comparatus* es una de las avispas más icónicas de este grupo porque puede capturar incluso tarántulas, a las que sigue hasta la madriguera para cazarlas. Aunque el arácnido es de mayor tamaño, su ataque es rápido paralizando a su presa con uno o más aguijonazos. Las avispas de la Familia Pompilidae se han encontrado en el ámbar báltico y como compresiones en el Eoceno-Oligoceno. La avispa cazadora de arañas más antigua encontrada se ha hallado en el ámbar del Cretácico medio de Myanmar.

Finalmente, los euménidos, también conocidos como avispas alfareras o albañiles, son avispas de apariencia muy similar a las avispas comunes con colores negros y amarillos, que se caracterizan por fabricar con barro sus nidos tanto en el suelo, como en muros y plantas. Algunos de estos nidos pueden estar compartimentados en varias cámaras. En ocasiones, estos nidos pueden conservarse en el registro fósil de depósitos eólicos como dunas, fácilmente observables en afloramientos cuaternarios de Lanzarote, La Graciosa o Fuerteventura. Estas avispas también suelen estar especializadas en capturar determinados tipos de insectos como *Delta unguiculata* que caza orugas, *Odynerus spinipes* que caza larvas de gorgojos, y *Eumenes coarctatus* que selecciona orugas no vellosas.

### 7.13.7 Avispas sociales

Las avispas comunes o avispas sociales pertenecen a la Familia Vespidae (Suborden Apocrita). Se las denomina avispas sociales por que forman comunidades de carácter anual fundadas durante la primavera por una hembra fecundada que actuará como reina (FIGURA 43). Se reconocen por su típico color amarillo y negro, aunque como se ha podido ver en este libro, este patrón es reproducido también por algunos dípteros y otros himenópteros. La avispa común se diferencia de algunas de las avispas vistas anteriormente porque en reposo las alas se disponen extendidas a ambos lados del abdomen sin cubrir su parte superior. El pronoto también llega hasta el inicio de las alas como ocurre en pompílidos y euménidos. Los ojos presentan una forma alargada que se estrecha hacia la parte superior de la cabeza. La Familia Vespidae apareció en el Cretácico inferior hace unos 140-130 millones de años. Los fósiles de véspidos del Cretácico son raros y corresponden a subfamilias de avispas solitarias y avispas subsociales. Sin embargo, las celdas de polistina se han encontrado fosilizadas en el Cretácico superior de Utah, lo que indica que las formas de avispa sociales ya existían en esa época.

**Figura 43**

Familia Vespidae (Jaén). A. Avispero formado en un ágave de Puente Tablas (Jaén). B y C. Rostro de una larva de avispa (*Vespula vulgaris*). D. Rostro de un ejemplar adulto de avispa. E. Abdomen finalizado en el aguijón.

La reina adquiere un mayor tamaño que el resto de hembras obreras. Los machos aparecen hacia el final del verano y se caracterizan por presentar antenas algo más largas que las hembras, con la base de color amarillo. Las crías se alimentan de otros insectos que les suministran los adultos, mientras que en estado adulto se alimentan fundamentalmente de néctar, fruta y otros recursos de forma oportunista. El nido de las avispas está formado por materiales que ellas seleccionan, como la pulpa de papel que extraen de los árboles y barro.

Para defenderse o atacar, las avispas pican con un aguijón que se sitúa en la parte posterior de su abdomen. Al contrario que las abejas, no pierden el aguijón al clavarlo sobre su objetivo, por lo que pueden usarlo repetidas veces. Además, la avispa al picar libera una feromona que incita al resto de avispas de la colonia a picar. El veneno, de carácter básico, contiene una mezcla de sustancias que afecta intensamente a las terminaciones nerviosas y causa una rápida respuesta inmune del cuerpo que da lugar al escozor y a la hinchazón de la zona cercana a la picadura.

Existen distintas variedades respecto a la avispa común (*Vespula vulgaris*) en las que hay pequeñas diferencias ornamentales en la distribución de las manchas en el rostro y abdomen, así como algunas diferencias en el comportamiento. Es el caso de la avispa alemana (*V. germánica*), la avispa austriaca (*V. austriaca*), la avispa saxónica (*Dolichovespula saxonica*) o la avispa noruega (*D. norvegica*), entre otras.

### 7.13.8 Abejas y abejorros

Las abejas (Suborden Apocrita) suelen estar mejor vistas que las avispas y siempre han sido empleadas por el hombre para obtener distintos productos, los más destacados son la miel y la cera (Figura 44). Pero además tienen un importante valor económico porque son los insectos polinizadores por excelencia y desempeñan una importante función en los ecosistemas. Pero aparte de la abeja de la miel (*Apis mellifera*) existe una amplia variedad de abejas pertenecientes a varias familias, todas ellas teniendo en común una alimentación basada en el polen y el néctar. El cuerpo de las abejas se caracteriza por ser muy velludo y porque el pronoto se extiende hacia atrás hasta las tégulas. La cabeza es bastante ancha y los ojos son relativamente grandes y desplazados hacia los laterales. Las antenas no son especialmente largas. Las distintas familias se suelen diferenciar en función de la forma de la lengua, que puede ser corta y ancha o apuntada y larga, y en función de la disposición de las celdas de las alas. En algunas especies se da un marcado dimorfismo sexual que suele reflejarse en el tamaño, pero también en otros aspectos anatómicos y ornamentales. El cuerpo velludo, visto al microscopio, sobre todo en primavera, suele ir impregnado de polen, lo que facilita aún más su labor polinizadora. Existen tanto abejas solitarias como abejas gregarias. Aunque las abejas son ampliamente conocidas por su comportamiento social, la mayoría de las especies son realmente solitarias y las formas con hábitos sociales constituyen un porcentaje muy bajo dentro del total de la diversidad de abejas.

Entre las abejas solitarias, uno de los géneros con mayor número de especies es *Andrena* (Familia Andrenidae, Figura 44). Recuerdan bastante a las abejas melíferas aunque viven en el suelo y

**Figura 44**
Abejas. A-B. Abeja melífera *Apis mellifera* (Familia Apidae, Jaén). C. *Andrena pilipes* (Familia Andrenidae) del Pico Almadén (Sierra Mágina, Jaén) cubierta de polen. D. Detalle de la cabeza de *Andrena* sp. con restos de polen (Pegalajar, Jaén).

algunas de sus especies están especializadas en determinadas flores. *Halictus* (Familia Halictidae) es otro género con bastante diversidad de especies.

Pero las abejas más conocidas son las abejas de la miel (Familia Apidae), que se caracterizan por ser gregarias formando enjambres que se organizan con una clara jerarquía de tres rangos sociales: las abejas obreras, los zánganos y la abeja reina. Las obreras y la reina son hembras y los zánganos machos. Sin embargo, solo la reina puede ser fecundada por los machos. La reina pone huevos fecundados por medio de un proceso denominado partenogénesis (que se describió al hablar de las avispas de las agallas, Familia

Cynipidae), que dan lugar a abejas obreras, y huevos no fecundados que dan lugar a los zánganos.

Cada una de las castas tiene un ciclo diferente y un periodo diferente de desarrollo. La abeja reina se desarrolla en dieciséis días en una celda especial y alimentada exclusivamente con jalea real (segregada por unas glándulas de la cabeza de las abejas obreras jóvenes). Las obreras tardan veintiún días en desarrollarse y los zánganos veintitrés. La abeja reina permanece siempre en la colmena excepto durante los vuelos de fecundación o cuando se produce un enjambre para dar lugar a una nueva colonia. Las obreras construyen panales de cera con celdas hexagonales donde la reina deposita los huevos. Las larvas son alimentadas por abejas obreras juveniles que actúan de nodrizas. Mientras que la abeja reina se alimenta siempre de jalea real, el resto de abejas se alimenta de jalea real solo durante los primeros días de su estado larvario. Las larvas destinadas a ser reinas se siguen alimentando de jalea real, lo que hace que crezcan más rápido y pasen a la fase de pupa antes. Cuando una larva está cerca de la fase de pupa, la celda es sellada por las abejas obreras. En una semana la abeja en estado adulto sale de la celda. Las abejas reinas pueden vivir varios años mientras que las obreras viven unos pocos meses. Las abejas melíferas se comunican por feromonas, mecanismo que también emplea la reina para controlar las actividades de la colmena.

Las abejas obreras se encargan de segregar la cera y construir los panales, criar las larvas, limpiar y defender la colmena, y recolectar el néctar y el polen. El ovopositor de las obreras está modificado y funciona como un aguijón. El veneno lo segregan unas glándulas localizadas en el abdomen. Este veneno tiene carácter ácido, al contrario que el de las avispas, de carácter básico. La abeja muere una vez ha usado el aguijón ya que su forma de anzuelo hace que la abeja lo pierda al retirarlo, junto con las glándulas que segregan el veneno, causándole una herida mortal en el abdomen. Las abejas obreras se comunican entre sí con una especie de danza con la que son capaces de indicar dónde está la fuente de alimento en cuanto a distancia y dirección.

Los zánganos proceden de huevos que no han sido fecundados, es decir, son abejas con la mitad del material genético (aploides). Su misión en la colonia es exclusivamente fecundar a la reina cuando realiza el vuelo nupcial. La reina copula con varios zánganos en los diferentes vuelos de fecundación de forma que queda fertilizada. Los zánganos no recolectan alimento, ni defienden

A
1 cm
*Bombus soroeensis*
D
1 cm
*Xylocopa violacea*
B
2.5 mm
E
5 mm
C
2.5 mm
F
1 mm

la colonia, ya que carecen de aguijón, que, como se ha indicado anteriormente, es el ovopositor modificado por lo que está presente exclusivamente en las hembras.

Las abejas aparecieron a mediados del periodo Cretácico, hace unos 100 millones de años. El resto fósil más antiguo de abeja es *Cretotrigona prisca* procedente de sedimentos del Cretácico superior de Norteamérica. No obstante, se cree que su origen y diversificación se inició en el Cretácico medio, hace unos 100 millones de años. Las subfamilias actuales aparecieron durante el Terciario, especialmente durante el tránsito Eoceno-Oligoceno hace unos 34 millones de años.

Los abejorros (género *Bombus* principalmente) también son abejas sociales pero más grandes y velludas, con un importante papel como polinizadores (Figura 45). Una de sus características más identificativas es el zumbido de sus alas al volar. Muchas de las especies presentan franjas transversales amarillas y blancas. Su lengua, especialmente larga, les permite polinizar flores que otros insectos no pueden polinizar. Las comunidades son menos numerosas que en la abeja melífera. Son comunidades anuales que desaparecen en invierno. Únicamente las hembras fecundadas sobreviven durante el invierno para formar una nueva comunidad con el regreso del buen tiempo y la floración. Los nidos de las distintas especies se suelen localizar en el suelo en zonas soleadas aprovechando pequeñas oquedades o madrigueras, o bien empleando hierba. El nido está constituido por unas pocas celdas de cera. Los abejorros transportan el polen entre los largos pelos de las patas traseras. Las larvas son alimentadas con polen y néctar. Los abejorros machos nacen ya en verano y suelen ser más pequeños y con las antenas más largas. Las distintas especies tienen colores negros combinados con bandas transversales amarillas y blancas, o bien son oscuros y presentan el extremo final del abdomen de color rojizo.

Aunque no son abejorros en sentido estricto, sino abejas, los denominados coloquialmente abejorros negros (*Xylocopa violacea*) tienen un tamaño similar a los abejorros (Figura 45). Se caracterizan por su color negro y el brillo violáceo de sus alas. Esta especie suele anidar en la madera. Otro género que puede confundirse con los abejorros es *Anthophora*.

**Figura 45**
Abejorros (Familia Apidae). A-C. *Bombus soroeensis* con restos de polen morado procedente de las flores de los cardos (Pico Cárceles, Jaén). D-F. *Xylocopa violacea* (Jaén) y detalles de las patas y las alas.

## 7.14 Coleópteros: los insectos acorazados

Los coleópteros son los mejores ejemplos de insectos acorazados, sobre todo algunos grupos grandes y robustos de escarabajos peloteros, escarabajos rinocerontes o carábidos. Los coleópteros son uno de los grupos más extendido y diverso de insectos, adaptados a casi cualquier recurso alimenticio y con formas muy variadas dentro del diseño corporal común de este orden de insectos. El carácter robusto del Orden Coleoptera se lo otorgan, entre otros rasgos anatómicos, sus alas anteriores, duras y córneas, denominadas élitros, que los convierten en acorazados. Los élitros cubren las alas posteriores y el abdomen. La unión de los élitros resulta en una línea a modo de sutura longitudinal que recorre desde el mesotórax hasta el extremo más distal del abdomen. Las alas posteriores son membranosas y quedan plegadas bajo los élitros siendo desplegadas únicamente para el vuelo. En algunos grupos las alas membranosas han desaparecido o están atrofiadas y en tales casos los élitros pueden estar fusionados dando una mayor resistencia a la armadura. Existen, no obstante, algunos coleópteros cuyas alas delanteras también se encuentran atrofiadas, como es el caso de las aceiteras (Familia Meloidae).

El protórax, primer segmento del tórax, es de gran tamaño y está recubierto por un escudo coriáceo denominado pronoto. El abdomen consta, por lo general, de diez segmentos en los machos y nueve en las hembras, estando poco esclerotizado y protegido por los élitros que lo cubren. La morfología de las patas es bastante variable dependiendo del modo de vida del coleóptero. Algunas familias tienen patas largas y atléticas como los carábidos, hábiles cazadores. Algunas patas son robustas y están adaptadas a la excavación, como es el caso de las patas delanteras de los escarabajos peloteros. Otros tienen las patas anchas y palmeadas adaptadas para la natación, como es el caso de los ditíscidos, escarabajos nadadores.

Los ojos compuestos de los coleópteros tienen un desarrollo variable, aunque generalmente están bien desarrollados, sin llegar a compararse con los de otros órdenes de insectos como odonatos (p. ej. libélulas), dípteros (p. ej. moscas y mosquitos) e himenópteros (p. ej. avispas o abejas), que son hábiles voladores. Aunque la mayor parte de los coleópteros puede volar, pasan prácticamente toda su vida en el suelo, incluso en estado adulto. Las antenas también suelen estar bien desarrolladas y presentan una amplia diversidad, siendo espectaculares en los escarabajos longicornes

(Familia Cerambycidae). Algunas antenas son característicamente acodadas, es decir forman un ángulo entre el primer segmento (escapo) y el resto de segmentos.

Tanto en los adultos como en las larvas, la boca presenta unas mandíbulas masticadoras adaptadas para la alimentación de material sólido, no obstante, algunas especies pueden lamer el néctar. Entre los alimentos de los distintos grupos de coleópteros están otros invertebrados, materia vegetal (madera, hojas, raíces, flores, tallos, frutos y semillas), carroña (incluidos huesos) y excrementos. Algunos coleópteros pueden ser perjudiciales económicamente para el hombre, como es el caso del escarabajo de la patata (*Leptinotarsa decemlineata*), el escarabajo del espárrago (*Crioceris asparagi*), la carcoma de los muebles (*Anobium punctatum*) y numerosos gorgojos entre los que se encuentra el picudo rojo (*Rhynchophorus ferrugineous*) que está acabando con la palmera canaria (*Phoenix canariensis*) y la palmera datilera (*Phoenix dactylifera*). Sin embargo, la gran mayoría tiene un importante valor ecológico como polinizadores, depredadores de plagas agrícolas y carroñeros.

Las larvas de los escarabajos tienen una metamorfosis completa para dar lugar a los adultos, son organismos holometábolos. En la mayoría de las especies las larvas tienen la misma alimentación que los adultos. Prácticamente todas las larvas de coleóptero tienen tres pares de patas, aunque en algunos casos, como en muchos gorgojos, las larvas son ápodas, es decir, no tienen patas.

Existen cuatro subórdenes dentro del Orden Coleoptera: Adephaga, Archostemata, Myxophaga y Polyphaga. A este último pertenece la mayoría de los coleópteros actuales. El fósil más antiguo de coleóptero es de hace unos 280 millones de años, del Pérmico inferior. Corresponde realmente a un protocoleóptero, ancestro de los verdaderos coleópteros, que aparecieron en el Pérmico superior, hace unos 260-250 millones de años. Tras superar la extinción en masa más grande de la historia de la vida en el límite Pérmico/Triásico, experimentaron una radiación evolutiva de manera que a mediados del Triásico (hace 220 millones de años) ya existían una veintena de familias.

En España se han encontrado ejemplares fosilizados correspondientes al Cretácico inferior (Barremiense, 125-110 millones de años) en el yacimiento de Las Hoyas, Cuenca, pertenecientes al género *Zygadenia* (Familia Ommatidae).

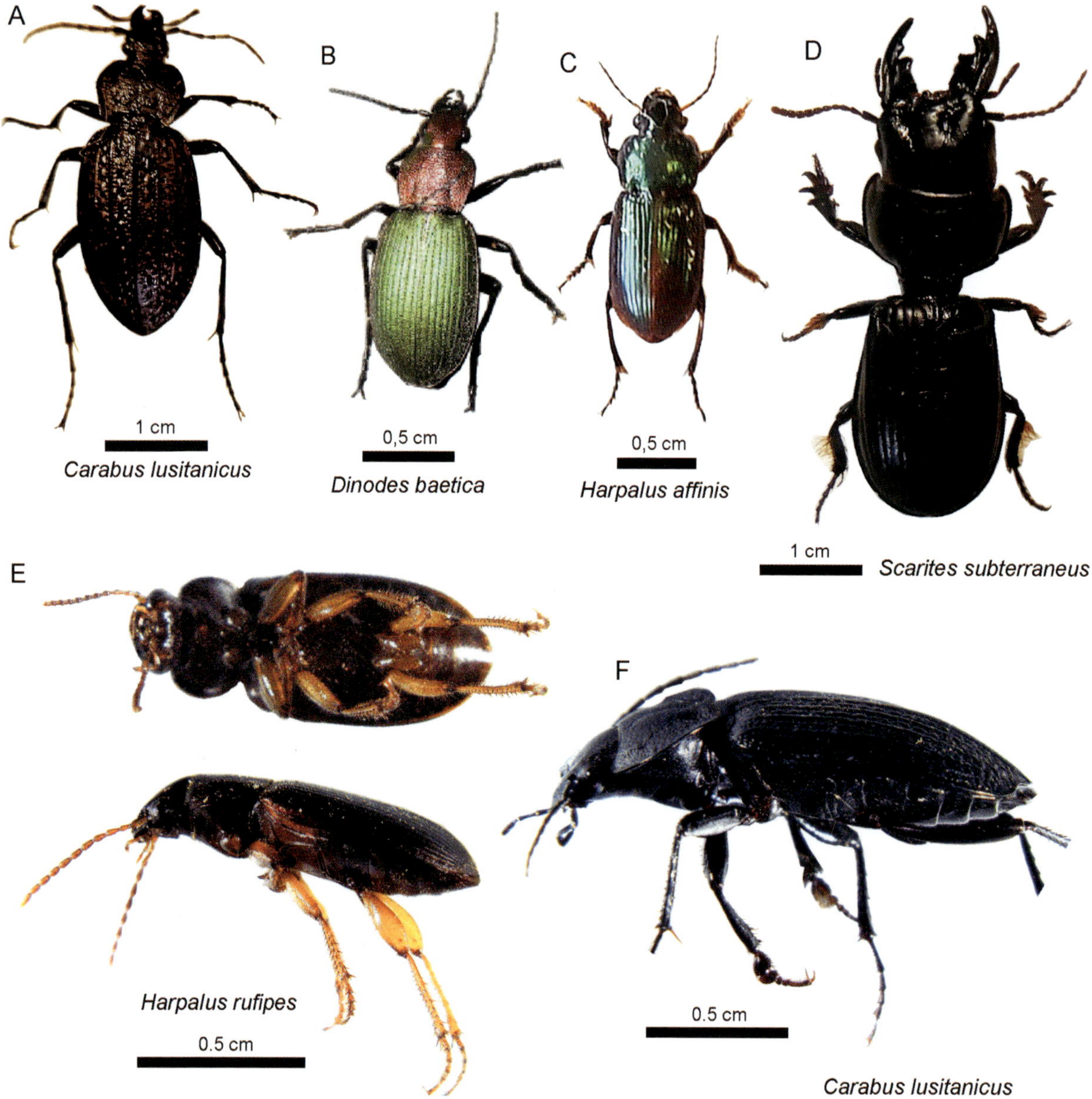


Figura 46

Carábidos (Familia Carabidae). A. *Carabus lusitanicus* en vista dorsal (El Padul, Granada). B. *Dinodes baetica* (Lavaderos de la Reina, Sierra Nevada, Granada). C. *Harpalus affinis* (Sierra de Urbión, Soria). D. *Scarites subterraneus* (Matalascañas, Huelva). E. *Harpalus rufipes* (Jáen). F. *Carabus lusitanicus* en vista lateral (Jaén).

Figura 47
Escarabajos predadores. A. *Calosoma* sp. (Familia Carabidae, El Padul, Granada). B y C. Detalles de la cabeza de *Carabus lusitanicus* (Familia Carabidae, El Padul, Granada). D. *Ocypus olens* (Familia Staphylinidae, El Padul, Granada).

### 7.14.1 Carábidos y otros escarabajos predadores

La Familia Carabidae la componen escarabajos depredadores caracterizados por sus largas extremidades, que les permiten una marcha de las más rápidas entre los insectos (Figura 46). Otra característica propia de los carábidos es su fuerte mandíbula, que en algunos géneros puede ser de gran tamaño (Figura 47). Las antenas olfativas son largas, rectas y muy móviles. La mayor parte de las especies es de color negro; es el caso de la mayoría de los cárabos y calosomas que se encuentra en el sur de España, si bien algunos pueden tener colores muy intensos (comúnmente verde) y brillos metálicos, como es el caso de *Cicindela campestris*, *Calosoma sycophanta* y *Carabus auratus*.

Las especies de *Cicindela*, a las que también se denomina vulgarmente escarabajos tigre, son cazadoras diurnas con grandes mandíbulas y ojos, y cuerpo aplanado. Suelen cazar hormigas y otros pequeños artrópodos, y, aunque vuelan bien, suelen preferir marchar por el suelo a la búsqueda de presas.

Las especies de los géneros *Calosoma* y *Carabus*, que se encuentran entre los más grandes, son preferentemente nocturnas en sus hábitos y no vuelan ya que en muchas especies solo quedan pequeños vestigios de las alas posteriores y en otros casos los élitros están fusionados. Se alimentan de otros artrópodos y de otros invertebrados, principalmente caracoles, babosas y lombrices, pero también pueden alimentarse de carroña y fruta en descomposición. Las larvas son igualmente cazadoras activas. *Calosoma sycophanta* es un importante depredador de orugas, incluida la oruga procesionaria que tanto daño hace a los bosques de coníferas. Fue introducido en Andalucía como enemigo de la procesionaria, si bien es muy escaso. *Harpalus rufipes* es un carábido pequeño (< 1,5 cm) relativamente abundante en primavera e inicios del verano que no se alimenta preferentemente de semillas. Se caracteriza por las patas naranjas y espinosas. El género *Carabus* se cría bien en cautividad mostrando bastante actividad por la noche alimentándose de lombrices, orugas y trozos de fruta, si bien necesita de terrarios amplios y hojas bajo las que ocultarse durante el día.

Algunos carábidos de pequeño tamaño tienen colores más variados de tonos verdosos o rojizos, como son *Badister unipustulatus* y *Dinodes baeticus*, este último un endemismo de las altas cumbres de Andalucía oriental.

Hay carábidos que expulsan líquidos repugnatorios cuando se encuentran sujetos a estrés, como es el caso de *Brachinus crepitans*, también conocido como escarabajo bombardero o escopetero. Esta especie emite un líquido volátil al tiempo que hace un chasquido que parece un disparo.

La Familia Silphidae está representada por escarabajos carroñeros y carnívoros de los géneros *Silpha* y *Thanatophilus*. En el caso de *Silpha* puede recordar a los carábidos típicos pero el tórax es más amplio y las antenas claviformes. *Thanatophilus* presenta el tórax aún más amplio y la superficie de los élitros estriada. Ambos géneros son oscuros y pueden encontrarse cerca de cadáveres de aves y mamíferos que localizan gracias a un excelente olfato. Pero además de ser carroñeros, también pueden actuar como depredadores de otros invertebrados entre los que se encuentran los caracoles.

La Familia Staphylinidae está compuesta por formas alargadas, con élitros pequeños que dejan al descubierto el abdomen, no obstante, las alas posteriores están muchas veces bien desarrolladas y pueden volar. La mayor parte son especies de talla muy pequeña. Las especies de mayor tamaño son generalmente nocturnas. Uno de los géneros más representativos es *Ocypus olens*, conocido vulgarmente como asnillo o escarabajo errante, de unos 3 cm, y que en las islas británicas se relacionaba con el diablo por su comportamiento (Figura 47). Cuando se ve atacado reacciona levantando su largo abdomen y abriendo sus grandes mandíbulas. Emite un olor fétido defensivo con unas glándulas blancas ubicadas al final de su abdomen. Suele ser un escarabajo ágil de movimiento nervioso.

### 7.14.2 Escarabajos peloteros y otras especies fitófagas

Entre las especies herbívoras de mayor tamaño se encuentran los escarabajos peloteros, escarabajos rinoceronte y algunos otros (Figuras 48 y 49). Aunque corresponden a distintas especies, tienen en común su aspecto robusto, fuertemente acorazado, en muchos casos presentando cuernos, y con colores negros o verdes metalizados. En

**Figura 48**
Escarabajos peloteros y fitófagos. A. Escarabajo pelotero *Geotrupes stercorarius*, Familia Geotrupidae (Poyos de la Mesa, Sierra de Segura, Jaén). B. Hembra y macho del escarabajo rinoceronte *Oryctes nasicornis*, Familia Scarabaeidae (El Padul, Granada). C. Escarabajo solsticial *Amphimallon solsticialis*, Familia Scarabaeidae (Jaén). D. *Protaetia oblonga*, Familia Scarabaeidae (Jaén).

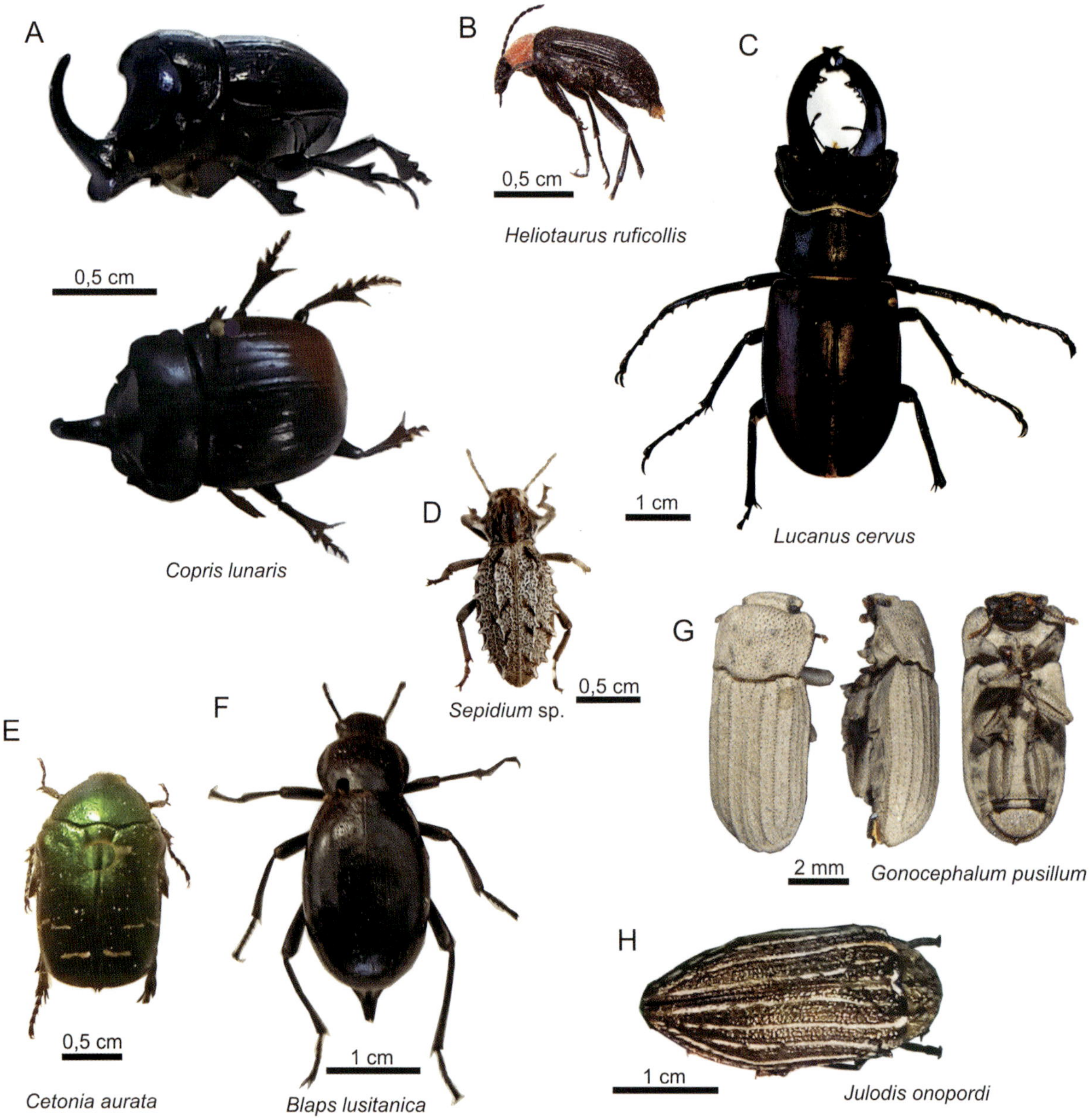
A
0,5 cm
Copris lunaris
B
0,5 cm
Heliotaurus ruficollis
C
1 cm
Lucanus cervus
D
0,5 cm
Sepidium sp.
E
0,5 cm
Cetonia aurata
F
1 cm
Blaps lusitanica
G
2 mm
Gonocephalum pusillum
H
1 cm
Julodis onopordi

este apartado se han incluido escarabajos pertenecientes a distintas familias.

El más común en el sur de España es el escarabajo pelotero zumbador o *Geotrupes stercorarius* (Familia Geotrupidae). Se caracteriza por su color negro y su aspecto robusto con un abdomen abombado cubierto por los élitros. Las antenas son cortas y recias terminando en unas pequeñas mazas (antenas claviformes). Sus patas son muy robustas, se podría decir que adaptadas para el trabajo duro. Se les suele ver en parejas, transportando bolas que fabrican con estiércol hasta los túneles que excavan, en ocasiones alcanzando cerca de medio metro de profundidad, lo que es una enorme galería si tenemos en cuenta que miden poco más de 2 cm. Sus patas están adaptadas a empujar esta bola de estiércol, más grande que ellos, y a excavar. El transporte de la bola lo realizan empujando hacia atrás. El túnel tiene varias cámaras en las que depositan las bolas, de las que se alimentan sus larvas durante un año hasta que salen en la primavera siguiente.

La Familia Scarabaeidae también tiene algunos representantes populares como el verdadero escarabajo pelotero del género *Scarabaeus*, el escarabajo rinoceronte *Oryctes nasicornis*, el escarabajo solsticial *Amphimallon solstitialis*, o el bello escarabajo de oro *Cetonia aurata* (Figuras 49 y 50). Entre los más grandes y llamativos se encuentra el escarabajo rinoceronte (hasta 4 cm), llamado así por el prominente cuerno largo y curvo que presenta el macho. *Aethiessa floralis*, un escarabajo común entre las flores, sobre todo en los cardos donde puede formar grupos de varios individuos, se cría bien en terrario alimentándose de pieles de fruta y gustando de enterrarse.

Sin duda, el más grande de todos es el *Lucanus cervus* (Familia Lucanidae) vulgarmente conocido como escarabajo ciervo o ciervo volante (Figura 49). La característica más llamativa de este coleóptero es el tamaño de su mandíbula, que emplea a modo de astas de ciervo para la lucha con otros machos por el apareamiento. Las antenas son claviformes y acodadas y las patas más largas y delgadas que en Scarabaeidae y Geotripidae. El ciervo volante, como la mayor parte de los lucánidos, es escaso en el sur de España y aparece preferentemente en zonas frías y boscosas de Andalucía oriental. Otros lucánidos del sur de España son *Dorcus parallelipipedus*, *Pseudolucanus barbarossa*, *Platycerus spirifer* y *Sinodendron cylindricum*, si bien no llegan a ser tan espectaculares como el ciervo volante.

**Figura 49**
Escarabajos fitófagos. A. *Copris lunaris*, Familia Scarabaeidae (Palma del Tío, Sevilla). B. Escarabajo de cuello rojo *Heliotaurus ruficollis*, Familia Tenebrionidae (Jaén). C. Escarabajo ciervo *Lucanus cervus*, Familia Lucanidae (Palma del Río, Sevilla). D. *Sepidium*, Familia Tenebrionidae (Consuegra, Toledo). E. Escarabajo dorado *Cetonia aurata*, Familia Escarabaeidae (Baeza, Jaén). F. *Blaps lusitanica*, Familia Tenebrionidae (El Padul, Granada). G. Escarabajo de la higuera, *Gonocephalum pusillum*, Familia Tenebrionidae. H. *Julodis onopordi*, Familia Buprestidae (Navas de San Juan, Jaén).

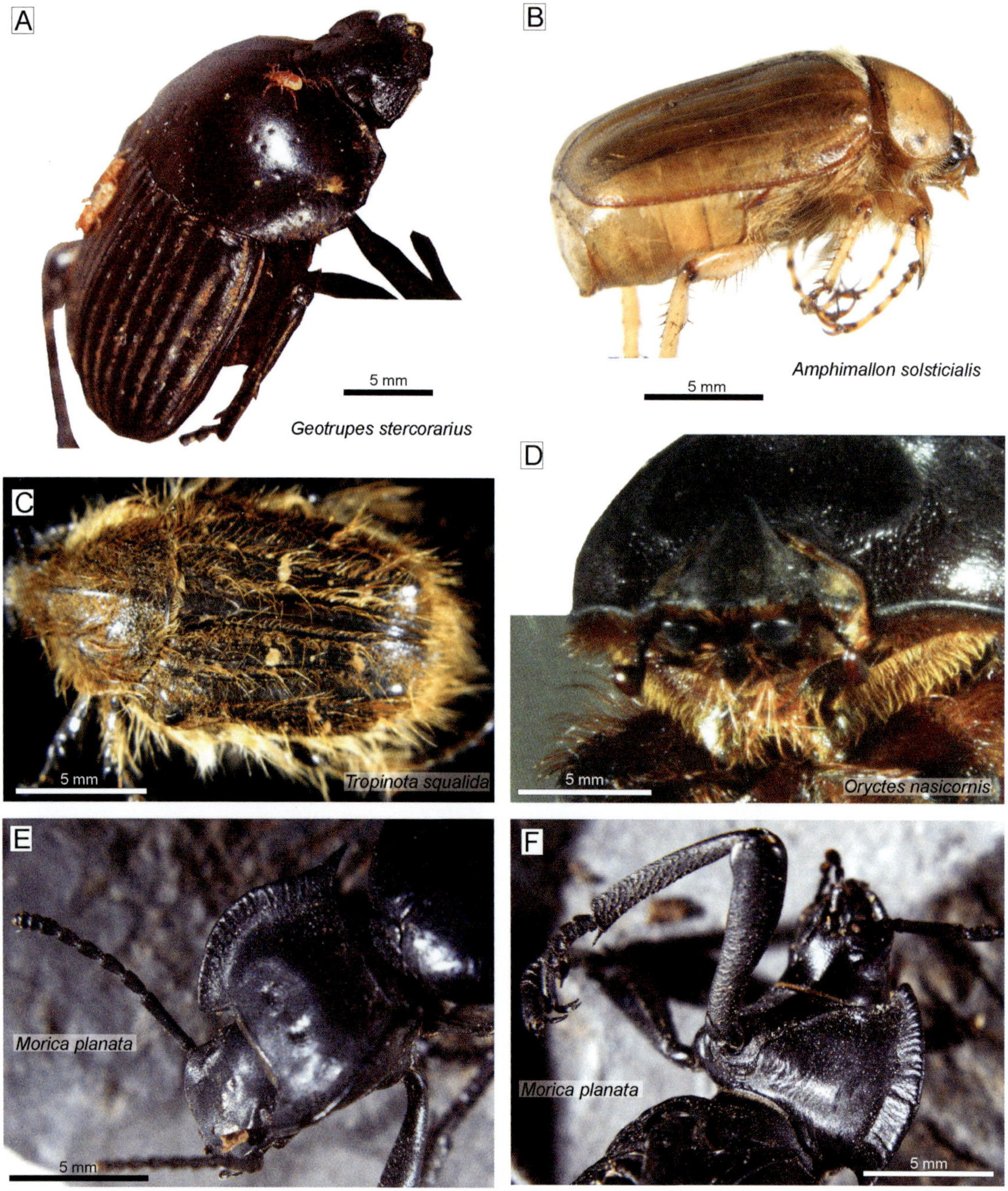
A
5 mm
Geotrupes stercorarius
B
Amphimallon solsticialis
5 mm
C
5 mm
Tropinota squalida
D
5 mm
Oryctes nasicornis
E
Morica planata
5 mm
F
Morica planata
5 mm

La Familia Buprestidae está representada por escarabajos alargados, con forma de bala o bellota, ya que su abdomen alargado está cubierto por unos élitros que le confieren esa morfología. Suelen tener unas antenas cortas. Se alimentan de flores y muchas de estas especies viven en la madera podrida. Las especies más pequeñas suelen tener colores más vivos y en ocasiones brillo metálico, mientras que las más grandes son menos llamativas. Una de las especies de mayor tamaño, hasta 3 cm, en el sur de España es *Julodis onopordi,* subespecie *fidelissima* (Figura 49). Se caracteriza por sus élitros de color gris oscuro a verdoso con líneas blancas dispuestas longitudinalmente. Otras subespecies presentan manchas alargadas y alineadas en los élitros en lugar de listas. Las larvas se alimentan de raíces, mientras que los adultos de tallos y hojas.

Muy abundantes en el sur de la Península Ibérica son los *Blaps*, pertenecientes a la Familia Tenebrionidae, también denominados escarabajos de las bodegas (Figura 49). Organismos fundamentalmente detritívoros de hasta 3 cm, que pueden recordar a algunos carábidos por su color oscuro y extremidades largas. Sin embargo, al contrario que los carábidos, tienen una cabeza pequeña y la mandíbula no es tan prominente, las antenas son más cortas y tanto el protórax como el abdomen y élitros son más convexos que en los carábidos donde suele ser aplanado, y finalmente presentan un apéndice caudal más o menos desarrollado. Además carecen de vellosidad. Estas características generales permiten diferenciarlos de esa primera impresión que puede recordar a los carábidos, pero en detalle, muchos más rasgos anatómicos los distancian de ellos. *Blaps* es un insecto pesado, de movimientos lentos y hábito nocturno, que suele frecuentar zonas próximas al hombre como cuadras y bodegas, pero también cuevas y antiguas edificaciones en ruinas, pero que en muchos casos presenta un hábito estepario. Pese a su apariencia lenta y torpe, su aspecto acorazado y una secreción cáustica de olor desagradable que emiten les protegen de depredadores. *Morica planata*, otro tenebriónido común en el sur de España es aún más robusto que *Blaps* y presenta una carena recia en los bordes (Figura 50). Al igual que *Blaps* es negro, carente de vellosidad, de marcha lenta, puede superar los 3 cm de longitud y está bien adaptado al secano. Otro tenebriónido típico en la primavera del sur ibérico es el heliotauro de cuello rojo (*Heliotaurus ruficollis*) que suele encontrarse sobre las flores de las cuales se alimenta (Figura 49).

**Figura 50**
Vistas de detalle de algunos escarabajos peloteros y fitófagos. A. Escarabajo pelotero *Geotrupes stercorarius*, Familia Geotrupidae, con algunos ácaros a su espalda (El Centenillo, Jaén). B. Vista lateral del escarabajo solsticial *Amphimallon solsticialis*, Familia Scarabaeidae (Jaén). C. Escarabajo peludo *Tropinota squalida*, Familia Scarabaeidae (Jaén). D. Hembra de escarabajo rinoceronte *Oryctes nasicornis*, Familia Scarabaeidae (El Padul, Granada). E-F. Vistas proximales de tórax y cabeza de *Morica planata*, Familia Tenebrionidae (El Padul, Granada).

### 7.14.3 Escarabajos coraceros y luciérnagas

En este apartado se han agrupado algunos coleópteros de cuerpo alargado, pequeño tamaño y de hábitos principalmente carnívoros tanto en estado adulto como larvario. Los miembros de la Familia

Cantharidae, comúnmente denominados escarabajos coraceros, se encuentran representados en el sur de España principalmente por los géneros *Cantharis*, *Rhagonycha* y *Malthodes*. Estos pequeños depredadores, que no suelen superar 1,5 cm de longitud, cazan a otros insectos sobre las flores. Son diurnos y buenos voladores aunque pasan la mayor parte del tiempo andando en las flores (Figura 51).

La Familia Cleridae presenta un tamaño y morfología parecida a la de los cantáridos, con una característica importante, suelen ser muy peludos vistos al microscopio, y sus antenas son más cortas que las de los cantáridos. Muchas especies tienen colores muy vistosos y también son predadores. Entre las formas más comunes en la España meridional está *Trichodes* (Figura 51).

*Psilothrix*, Familia Dasytidae/Melyridae, es otro género muy extendido de pequeños predadores de élitros alargados, cuerpo velludo y coloraciones verde a negro con brillo metálico (Figura 51). Se trata de minúsculos insectos, de menos de 8 mm generalmente, que habitan en las flores. Muy parecida en su aspecto general a las familias anteriores es Prionoceridae, con los géneros *Lobonix* e *Idgia*, que también viven en las flores (Figura 51).

Por último, en este apartado se incluyen las luciérnagas, la Familia Lampyridae. La especie más extendida en España es *Nyctophyla reichii*. Se caracteriza por presentar un gran dimorfismo sexual, es decir, la hembra y el macho tienen una morfología muy diferente en estado adulto. Las hembras carecen de alas, tan solo presentan unos élitros muy cortos, mientras que los machos tienen alas membranosas que les permiten volar y unos élitros bien desarrollados que cubren el abdomen. La hembra tiene la capacidad de generar luz en el extremo del abdomen, lo que emplea como reclamo para atraer a los machos. Tienen un cuerpo alargado de poco más de un centímetro, y en el caso de los machos los ojos son algo más grandes. Las larvas son depredadoras de gasterópodos, inyectando un líquido paralizante y digestivo con el que disuelven los tejidos del caracol que luego succionan. En estado adulto prácticamente no se alimentan. Las luciérnagas en España son difíciles de ver y se observan principalmente en zonas de campo suficientemente oscuras y alejadas de áreas antropizadas, principalmente en el tránsito primavera-verano. Sin embargo, otras variedades de luciérnagas como las de Norteamérica pueden llegar a ser muy comunes, incluso cerca de áreas urbanas, creando un verdadero espectáculo al atardecer. Además de *Nyctophyla reichii* existen otras especies ibéricas como

**Figura 51**

A. Escarabajo soldado rojo *Rhagonycha fulva*, Familia Cantharidae (El Centenillo, Jaén). B. *Psilothrix viridicoelurea*, Familia Melyridae (Arroyo Salado, Jaén). C. *Trichodes leucopsideus*, Familia Cleridae (El Centenillo, Jaén). D. *Idgia flavicollis*, Familia Prionoceridae (Jaén). E. Mariquita de Dios *Coccinella 7-punctata*, Familia Coccinellidae (El Padul, Granada). F. *Trogoderma angustum*, Familia Dermestidae (El Padul, Granada). G. Luciérnaga de la especie *Lampyris nocticula*, Familia Lampyridae (La Tosquilla, Noalejo, Jaén).

Figura 52
Meloidos y cerambícidos. A. *Meloe sp.*, Familia Meloidea (Cabra, Córdoba, foto de Alicia Serna). B. *Berberomeloe majalis*, Familia Meloidae (Arroyo Salado, Jaén). C. *Mylabris quadripunctata*, Familia Meloidae (El Centenillo, Jaén). D. Cantárida *Lytta vesicatoria*, Familia Meloidae (Sierra de Andújar, Jaén). E. Capricornio verde oloroso *Aromia moschata*, Familia Cerambicidae (Palma del Río, Sevilla). F. *Cerambyx cerdo*, Familia Cerambicidae (Palma del Río, Sevilla).

*Lampyris noctiluca* (Figura 51) y *Lampyris iberica*, todas ellas poco abundantes. La luz fría de las luciérnagas tiene una tonalidad entre verde y amarilla y se produce al combinarse una sustancia originada por las luciérnagas, la luciferina, con el oxígeno y una enzima llamada luciferasa. La reacción de oxidación de la luciferina produce la luz. La luciérnaga controla las emisiones luminosas con una frecuencia determinada que depende de la especie.

### 7.14.4 Mariquitas y escarabajos del tocino

Las populares mariquitas (Familia Coccinellidae) son escarabajos pequeños con un cuerpo que asemeja casi una semiesfera, con la curvatura en la región dorsal, mientras que la región ventral es totalmente plana (Figura 51). La cabeza es poco evidente ya que se encuentra parcialmente hundida en el pronoto. Las patas son muy cortas y apenas sobresalen del cuerpo, ya que son retráctiles. Cuando se encuentran en peligro se pegan a la superficie y encogen las patas bajo el cuerpo, o bien emprenden el vuelo. Los miembros de la Familia Coccinellidae suelen tener una coloración muy llamativa, siendo el principal exponente la mariquita de Dios (*Coccinella punctata*). Los élitros cubren la mayor parte del cuerpo y sirven como coraza. Son buenos voladores aunque pasan la mayor parte del tiempo merodeando sobre las plantas. Son ávidos predadores de áfidos (pulgones) y hongos.

Los denominados escarabajos del tocino (Familia Dermestidae) son pequeños escarabajos, de menos de 1 cm, de coloración oscura y hábitos carroñeros (Figura 51). Generalmente tienen una forma algo alargada y el cuerpo cubierto de fino pelo, las patas cortas y las antenas también acabadas en una pequeña maza. Son comunes cerca del hombre, asociados a alfombras, despensas y almacenes de alimento, pero también aparecen en madrigueras, nidos y cadáveres. Algunas especies son un problema en la conservación de colecciones zoológicas de animales disecados.

### 7.14.5 Aceiteras y otros meloidos

Los meloidos (Familia Meloidae) son unos coleópteros bastante comunes en el sur de España (Figura 52). Una de las características que define a este grupo es la producción de una sustancia denominada cantaridina, que segregan cuando se sienten amenazados. Esta

sustancia tóxica produce erupciones en la piel, edema y exudación en la zona afectada. La ingesta de esta poderosa toxina produce envenenamiento. De este modo, la presencia de meloidos muertos en la alfalfa almacenada para el ganado pueden intoxicar a los animales. Los meloidos tienen una amplia variedad de formas, pero como características generales anatómicas se puede mencionar que poseen una cabeza bien desarrollada y diferenciada, así como un abdomen que es muchas veces más largo que el tórax. Muchos géneros, como *Mylabris*, pueden volar sin problema, mientras que otros, como *Meloe* y *Berberomeloe*, tienen las alas atrofiadas y no pueden volar (Figura 52). Los meloidos experimentan hipermetamorfosis, por lo que pasan por fases larvarias más complejas que otros insectos. La primera fase larvaria, denominada planidio, es la más activa y depredadora. Las larvas atacan principalmente a las abejas, pero también hay especies que parasitan huevos de saltamontes. Los adultos, sin embargo, se alimentan de flores y hojas con un apetito voraz.

En el sur de España probablemente las especies más comunes son *Berberomeloe majalis, Meloe proscarabaeus* y *Mylabris quadripunctata*. *Berberomeloe*, cuyo nombre común es aceitera o curilla, es fácil de reconocer por su gran tamaño (hasta 6 cm) y la exagerada longitud de su abdomen, el cual arrastra por el suelo (FIGURA 52). El abdomen es más largo en el caso de las hembras. El abdomen está descubierto ya que las alas de las aceiteras son tremendamente pequeñas, vestigiales. La cabeza tiene forma parecida a la de las hormigas y unas prominentes mandíbulas. El abdomen puede ser negro totalmente o estar llamativamente adornado por unas estrechas franjas transversales rojas en cada segmento, que sirven como aviso a los depredadores de su toxicidad. Cuando se molesta a este coleóptero segrega por el abdomen, a veces en abundancia, un líquido anaranjado a rojizo, la cantaridina. La aceitera es muy activa y camina a buena velocidad pese a arrastrar su abdomen. En estado adulto es herbívora, alimentándose de hojas y flores, con especial predilección por los dientes de león. Los adultos pueden mantenerse bien en cautividad con una alimentación preferentemente de dientes de león, aunque necesitan de terrarios muy amplios dada su movilidad. La hembra pone cientos de huevos en el suelo, de los que nacen unas larvas minúsculas que ascienden por los tallos de las plantas para esperar en las flores a que pase alguna abeja o abejorro al que adherirse de forma que pueden viajar al nido de su hospedador donde se alimentarán de sus larvas y de las reservas de miel y polen. Cuando adquiere suficiente tamaño se forma una pupa de la que surgirá una nueva larva que también se alimenta de miel y polen de abejas. Tras una nueva fase de pupa surge finalmente el adulto, que abandona el panal para alimentarse de plantas. Este ciclo dura alrededor de un año. La cantaridina se extraía históricamente de las aceiteras para su uso farmacológico en el tratamiento médico y veterinario de afecciones de la piel, pero también como afrodisiaco y como veneno letal. De ahí que en algunas zonas de la meseta manchega se las llame matahombres. De acuerdo con la investigadora Nohemí Percino del Museo Nacional de Ciencias Naturales (Madrid) la cantaridina de las aceiteras ya se empleaba en los pueblos íberos antes del cristianismo y se siguió empleando hasta principios del siglo XX.

*Meloe proscarabaeus* es relativamente parecida a la

aceitera común anteriormente descrita, pero su gran abdomen es bastante ancho a la vez que más corto, por lo que tiene forma de bola. Al igual que el resto de meloidos segrega cantaridina.

*Mylabris quadripunctata* se aparta un poco de las aceiteras anteriormente descritas (Figura 52). Su tamaño es menor, pudiendo alcanzar cerca de 1,5 cm de longitud. La cabeza es similar a la de *Berberomeloe*, pero su abdomen es comparativamente más corto respecto a la longitud total del cuerpo. Presentan alas funcionales que les permiten volar y unos élitros que cubren totalmente la cara dorsal del abdomen. Los élitros, de color rojo, presentan unas manchas negras. Vistos al microscopio presentan abundante vellosidad por todo el cuerpo. Se les suele encontrar entre las flores donde se alimentan de polen, mientras que las larvas se alimentan de huevos y larvas de ortópteros, principalmente saltamontes.

*Lytta vesicatoria* también presenta alas bien desarrolladas y generalmente un tamaño menor que el de las aceiteras, aunque puede superar en algunos casos los 5 cm. Su color, generalmente de verde a azul intenso con brillo metálico, hace de este insecto uno de los coleópteros más bellos de la Península Ibérica (Figura 52). Vive sobre olivos, fresnos, saúcos y álamos, entre otros. No obstante, los continuos tratamientos químicos que sufre el olivar hacen que cada vez sea más difícil observar este coleóptero. Este bello insecto esconde una larga historia de usos por parte del hombre. Se empleó en la medicina hasta el siglo XX como vesicante, para producir ampollas y vesículas en la piel. El insecto se desecaba y después se molía dando como resultado un polvo de color marrón con tonos verdes e iridiscentes. Este polvo se empleaba para crear parches que se ponían en la piel. La ingesta oral afecta a la mucosa gástrica e intestinal produciendo dolor de barriga (epigastralgia), nauseas, vómito y diarrea. Sin embargo, se descubrió que pequeñas dosis producen molestias urinarias y erección del pene, por lo que antiguamente se empleó como afrodisiaco. Numerosas muertes se produjeron por el empleo de este compuesto, cuyo principal componente activo es la cantaridina, que, recordemos, es tóxica. No obstante, en la Francia del siglo XVIII estaban de moda los caramelos Richelieu, producidos a partir de *Lytta vesicatoria*. El compuesto también se empleó como abortivo, estimulante y cierta dosis mezclada con los alimentos, como veneno.

### 7.14.6 Escarabajos longicornes

Los cerambícidos (Familia Cerambycidae) reciben su nombre de sus características antenas, largas y recias, que en algunas especies son más largas que el resto del cuerpo (FIGURA 52). Estos coleópteros tienen un cuerpo alargado, comprimido dorso-ventralmente y presentan unas patas largas y fuertes. Las antenas, más largas en el macho, suelen articularse en un tubérculo robusto. Popularmente, muchas especies de cerambícidos reciben el nombre de capricornios por sus antenas a modo de largos cuernos. Los élitros pueden ser más anchos que el tórax, y las alas están bien desarrolladas permitiendo el vuelo. Los colores de algunas especies son muy vivos e incluso pueden existir diferencias entre machos y hembras. Algunas especies estridulan cuando están alarmadas. Los cerambícidos se alimentan de polen y hojas, si bien, hay especies que prácticamente no se alimentan en estado adulto. En cambio, las larvas son mayoritariamente xilófagas, es decir, se alimentan de madera, lo que en algunos casos causa importantes daños económicos. Es el caso de *Cerambyx welensii* comúnmente denominado taladro de la encina. *Cerambyx cerdo* también habita en encinares y alcornocales, sin embargo, es menos dañino que *C. welensii*. Las larvas pueden vivir durante varios años alimentándose de la madera, bajo la corteza. Las larvas de los cerambícidos tienen unas mandíbulas lo suficientemente fuertes para poder alimentarse tanto de madera viva como muerta, sin embargo, tienen unas patas muy cortas o son directamente ápodas, dependiendo de la especie. El entomólogo Antonio Verdugo Páez publicó en 2004 una detallada revisión de los cerambícidos de Andalucía.

Uno de los cerambícidos más bonitos es *Aromia moschata*, con sus característicos élitros verdes a anaranjados en el extremo del abdomen, con brillo metálico, tórax entre rojo y naranja, y cabeza de tono verde oscuro metalizado de la que emergen dos antenas largas y recias (FIGURA 52). El pronoto tiene los laterales de borde puntiagudo. Se la llama popularmente mosca de olor o capricornio verde oloroso. Se alimenta preferentemente de sauces y otros árboles del bosque de ribera. Su nombre común deriva de la sustancia que segrega por el mesotórax cuando se le molesta, un perfume de almizcle generado por la degradación del ácido salicílico que ingieren del sauce.

### 7.14.7 Escarabajos de las hojas

Estos escarabajos, pertenecientes a la Familia Chrysomelidae, se caracterizan por alimentarse principalmente de hojas, pero algunas especies también se nutren de raíces, de semillas y de flores (FIGURA 53). La mayoría es de pequeño tamaño, menor de 1,5 cm y a veces presentan colores muy llamativos. Por lo general, su cuerpo es redondeado, fuertemente esclerotizado con antenas cortas en la mayoría de los casos, sin embargo estos rasgos pueden ser muy variables. Tienen cinco tarsos, aunque el último tan pequeño que puede parecer que poseen cuatro.

Muchos crisomélidos están especializados en una determinada planta, como es el caso de *Leptinotarsa decemlineata* (escarabajo de la patata), *Crioceris asparagi* (escarabajo del espárrago), escarabajo rayado del pepino (*Acalymma vitatum*) y galeruca del olmo (*Xanthogaleruca luteola*). La mayoría puede volar.

*Exosoma lusitanicus* es un crisomélido pequeño muy común en el sureste ibérico, de forma alargada, que no suele superar el centímetro de longitud, con el abdomen, el pronoto y los élitros de color naranja, mientras que la cabeza, antenas, patas y vientre son negros. Suele encontrarse en primavera sobre las flores de las que se alimenta, a veces en grupos de varios individuos.

Otro típico crisomélido alargado que puede encontrarse entre las flores es *Tituboea sexmaculata*, que puede llegar a 1,5 cm de longitud. Se caracteriza por su color rojo claro en tórax y élitros, estos últimos con tres manchas negras cada uno, que le dan el nombre (seis manchas, *sexmaculata*).

*Xantogaleruca luteola* es otro crisomélido muy extendido y con cuerpo alargado, aunque más aplanado que *Tituboea* y *Exosoma*. No llega a superar el centímetro de longitud y se caracteriza por su color amarillo verdoso. Presenta una banda longitudinal ancha y oscura en el borde de cada élitro, dos manchitas oscuras en el pronoto y en la cabeza una mancha con forma de reloj de arena. Este crisomélido puede llegar a ser una plaga para el olmo.

La alimentación de *Podagrica fusicornis* está especializada en los distintos tipos de malvas. Es muy pequeño, no superando los 6 mm, y se caracteriza por su cabeza, tórax y patas naranjas, mientras que el resto de cuerpo es negro. Los adultos aparecen a principios del verano.

*Chrysolina bankii* tiene el cuerpo más redondeado, casi semiesférico. Puede alcanzar el centímetro de longitud. La parte

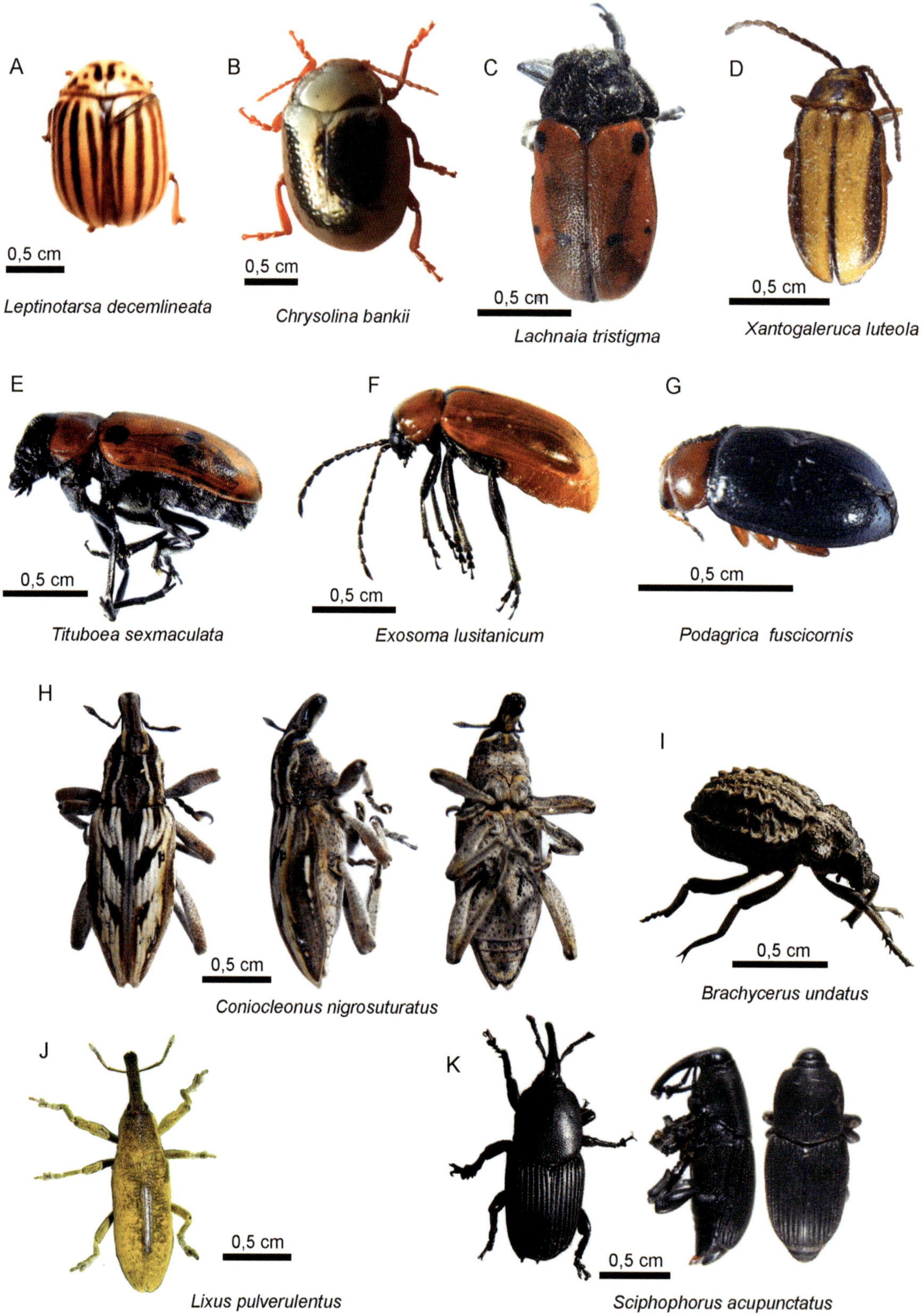
A
0,5 cm
Leptinotarsa decemlineata
B
0,5 cm
Chrysolina bankii
C
0,5 cm
Lachnaia tristigma
D
0,5 cm
Xantogaleruca luteola
E
0,5 cm
Tituboea sexmaculata
F
0,5 cm
Exosoma lusitanicum
G
0,5 cm
Podagrica fuscicornis
H
0,5 cm
Coniocleonus nigrosuturatus
I
0,5 cm
Brachycerus undatus
J
0,5 cm
Lixus pulverulentus
K
0,5 cm
Sciphophorus acupunctatus

dorsal es de color verde oscuro con brillo metalizado. Los apéndices son pequeños y color naranja. Cuando hay un peligro es capaz de retrotraer las patas debajo, y esconder parcialmente la cabeza bajo el tórax. Suele verse sobre romeros, espliegos, cardos y hierbabuenas.

Finalmente, en esta breve descriptiva de algunos de los géneros más comunes debe incluirse *Leptinotarsa decemlineata*, más comúnmente conocido como escarabajo de la patata. Este crisomélido de cerca de un centímetro de longitud es originario de Norteamérica, y se encuentra tan repartido mundialmente como la patata, planta de la que se alimenta en estado adulto y larvario, y para la cual puede ser localmente una plaga. Tiene una morfología externa semiesférica que podría recordar a la de las mariquitas. Su coloración característica consiste en cinco rayas oscuras sobre los élitros de color amarillo. El tórax también es amarillo con puntos negros y la cabeza y extremidades también son amarillas. Puede ocultar la cabeza bajo el tórax cuando se siente amenazado y esconder bajo el cuerpo sus pequeñas patas. Es una especie muy fecunda con un ciclo vital corto y con puestas de huevos de varios cientos, por lo que puede constituir una plaga en los patatales.

### 7.14.8 Gorgojos

Los gorgojos y picudos son coleópteros herbívoros, ampliamente conocidos porque muchos de ellos constituyen plagas para la agricultura (Figura 53). Los denominados comúnmente gorgojos y picudos pertenecen a las familias Brentidae, Attelabidae y sobre todo Curculionidae. Están constituidas por escarabajos generalmente de pequeño tamaño, que no suelen superar el centímetro de longitud. Se reconocen fácilmente por su rostro (o probóscide) alargado y cilíndrico en cuyo extremo se localizan las piezas bucales. En algunos el rostro es corto y robusto mientras que en otros es largo y delgado. Emplean las piezas bucales para perforar los tejidos vegetales, incluidas cáscaras duras. Las antenas se localizan en la parte central del rostro y se retrotraen en unos surcos a lo largo del mismo. Estas antenas suelen ser cortas y acabadas en una maza.

Muchos gorgojos tienen los élitros fusionados y no pueden volar. Las hembras ponen los huevos en los orificios que hacen en los vegetales. Las larvas son ápodas y suelen vivir en el interior del vegetal que les sirve de alimento.

Entre los gorgojos más dañinos para la agricultura y jardinería se encuentra el gorgojo del ciruelo, que origina daños en los

**Figura 53**
Crisomélidos y gorgojos. A. Escarabajo de la patata *Leptinotarsa decemlineata*, Familia Chrysomelidae (El Padul, Granada). B. *Chrysolina bankii*, Familia Chrysomelidae (El Padul, Granada). C. *Lachnaia tristigma*, Familia Chrysomelidae (El Centenillo, Jaén). D. Galeruca del olmo *Xantogaleruca luteola*, Familia Chrysomelidae (El Padul, Granada). E. *Tituboea sexmaculata*, Familia Chrysomelidae (Jaén). F. Galeruca de los narcisos *Exosoma lusitanicum*, Familia Chrysomelidae (Fuenmayor, Torres, Jaén). G. Escarabajo pulga *Podagrica fuscicornis*, Familia Chrysomelidae (Jaén). H. Gorgojo de los cardos *Coniocleonus nigrosuturatus*, Familia Curculionidae (Jaén). I. *Brachycerus undatus*, Familia Brachyceridae (Cabra, Córdoba). J. Gorgojo de las malvas *Lixus pulverulentus*, Familia Curculionidae (Jaén). K. Distintas vistas del picudo negro del ágave *Sciphophorus acupunctatus*, Familia Curculionidae (Jaén).

**Figura 54**
Vistas dorsal y lateral del picudo rojo *Rhynchophorus ferrugineus*. Ejemplares procedentes de Linares (Jaén).

frutos de ese árbol así como en cerezos y melocotoneros. La hembra pone los huevos en orificios que crea en la fruta cuando aún está verde. Del mismo modo, los gorgojos de la encina (*Curculio villosus, C. elephas, C. venosus, C. pellitus* y *C. glandium*) perforan las bellotas. Existe una gran diversidad y muchos de ellos están especializados. El gorgojo de los graneros (*Sitophilus granarius*) es la plaga de los graneros y silos. El gorgojo de las avellanas (*Curculio nucum*), el gorgojo de las castañas (*Curculio elephas*), el gorgojo de las habas (*Sitona lineatus*), el gorgojo de la manzana (*Anthonomus pomorum*), el gorgojo de la vid (*Otiorhynchus sulcatus*) son otros ejemplos.

Son importantes plagas el gorgojo del algodón (*Anthonomus grandis*) y el picudo rojo (*Rhynchophorus ferrugineus*) que ataca a determinados tipos de palmeras (Figura 54). Este último presenta un gran tamaño en comparación con la mayoría de curculiónidos, llegando a alcanzar 5 cm, y es una especie exótica invasora que origina grandes problemas en la palmera canaria y la palmera datilera. No obstante, en algunas ocasiones los gorgojos se han utilizado como control biológico de plantas no nativas en ecosistemas. En el olivar, los principales gorgojos que pueden atacarlo son *Otiorhynchus cribricollis* (serreta o picudo negro del olivo) y *Polydrusus xanthopus* (picudo verde del olivo).

Los curculiónidos son relativamente comunes en el registro fósil tanto en el ámbar como impresiones en sedimentos laminados de grano fino. Así, en España se han encontrado en los yacimientos cretácicos de ámbar de Álava y en los sedimentos bituminosos del Mioceno de Rubielos de Mora (Teruel).

### 7.14.9 Escarabajos acuáticos

Cuando la evolución creó un espacio cerrado, estanco, entre los élitros y el abdomen, posibilitó a los coleópteros para la colonización del medio acuático ya que hizo posible su uso como cámara de aire que les permitía respirar bajo el agua. Otras adaptaciones morfológicas al medio acuático fueron la forma ovalada del cuerpo, la reducción de las antenas y la aparición de sedas natatorias en las patas. Otras adaptaciones implicaron el desarrollo de mecanismos de regulación del equilibrio osmótico y el establecimiento de ciclos reproductivos asociados a la presencia de agua, así como diferentes estrategias de dispersión. Todas estas adaptaciones propiciaron la colonización de gran variedad de medios acuáticos continentales.

La mayor parte de los insectos acuáticos de la Península Ibérica corresponde a las familias Dytiscidae (Suborden Adephaga) e Hydrophilidae (Suborden Polyphaga). Son además los coleópteros mejor adaptados a la vida en el medio acuático. No obstante, otras familias de coleópteros también viven en el medio acuático, con distinto grado de adaptación a este medio, como son Gyrinidae, Noteridae, Haliphidae, Dryopidae, Elmidae, Helophonidae, Hydraenidae e Hydrochidae.

Tanto la Familia Dytiscidae como Hydrophilidae corresponden a escarabajos que evolutivamente se han adaptado al medio acuático manteniendo, aun así, su capacidad de volar.

Esta capacidad es esencial para poder sobrevivir en el sur de España durante el verano, cuando muchos cursos de agua y charcas se secan y deben encontrar otro lugar con agua. Estos coleópteros han desarrollado una morfología hidrodinámica y unas patas posteriores anchas a modo de remos. Pese a sus adaptaciones, siguen respirando del aire como todos los insectos, pero son capaces de sumergirse llevando una reserva de aire consigo. Algunos llevan el aire bajo los élitros, mientras que otros en la región ventral protegida por una capa de finos pelos hidrófobos. Muy pocos escarabajos han desarrollado branquias.

Los ditíscidos son depredadores. Tanto las larvas como los adultos son carnívoros muy voraces. Las larvas tienen una mandíbula muy grande con forma de hoz con la que atrapan otros insectos, pequeños peces o renacuajos. Se alimentan succionando los jugos del cuerpo mediante unos pequeños canales de su mandíbula. Los ditíscidos renuevan su carga de aire ascendiendo a la superficie con el abdomen por delante. En España el mayor coleóptero acuático es *Dytiscus marginalis*, que puede alcanzar los 3,5 cm.

Los hidrofílidos son peores nadadores que los ditíscidos, aunque la forma del cuerpo es parecida, las extremidades están peor adaptadas a la natación en muchos de los géneros. Sus patas están más adaptadas para merodear trepando por la vegetación sumergida. Son omnívoros. La reserva de aire la renuevan subiendo a la superficie con la cabeza por delante.

Los girínidos, otra familia bien adaptada a la vida acuática, aprovechan la tensión superficial del agua para desplazarse, tal y como hacen los zapateros. Su movimiento por la superficie es extremadamente rápido, a veces en círculos, por lo que reciben el nombre común de escribanos del agua o molinillos. No obstante, cuando se sienten amenazados se sumergen mostrando que también son buenos buceadores.

# 8

# Otros artrópodos

EN ESTA SECCIÓN SE HARÁ UN CORTO REPASO A OTROS ARTRÓPODOS CONTINENTALES, NO HEXÁPODOS. LAMENTABLEMENTE EN EL LENGUAJE COLOQUIAL, E INCLUSO EN LOS MEDIOS DE COMUNICACIÓN, SE SUELE DENOMINAR INSECTOS A ARAÑAS, CIEMPIÉS O ISÓPODOS. Esta confusión es persistente en el tiempo y nace del desconocimiento acerca de estos organismos. Desconocimiento que a su vez procede del desprecio, asco o miedo por los artrópodos inculcado culturalmente en las familias, a lo largo de generaciones. Al igual que es importante el conocimiento de los insectos, ya que están presentes en nuestro día a día, tanto los beneficiosos como los perjudiciales, el resto de artrópodos continentales, como arácnidos, isópodos y miriápodos, también juega un papel importante en los ecosistemas.

## 8.1 Arácnidos

Los arácnidos (Clase Arachnida) son artrópodos quelicerados enteramente terrestres, con algunas excepciones de especies que han retornado a la vida acuática posteriormente. Los arácnidos conquistaron tierra firme durante el periodo Silúrico, puede que a finales del Ordovícico (hace aproximadamente 445 millones de años). Existe un buen registro fósil de los arácnidos aunque su potencial de fosilización no es superior al de los insectos (FIGURA 55). Son todos

*ARGIOPE BRUENNICHI* (POZOS DE CABRERA, LEÓN). AUTOR JOSEP BISBAL.

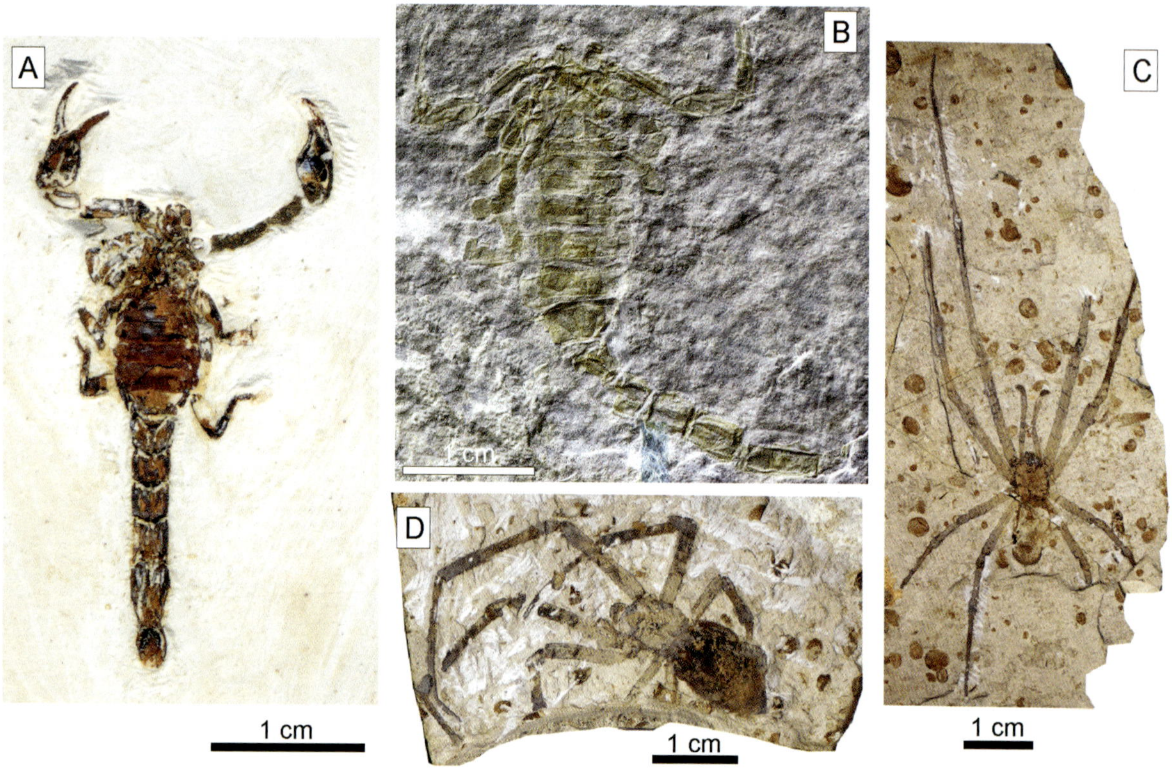


**Figura 55**

Arácnidos fósiles (fotos cedidas por Paul Selden, Universidad de Kansas). A. Escorpión de la Formación Crato de Cretácico de Brasil. B. Escorpión del Cretácico inferior de Montsec (Lérida) aún no descrito y clasificado. C y D. Dos ejemplares de *Mongolarachne jurassica* del Jurásico medio del norte de China.

**Figura 56**

Arañas actuales. A y B. Vistas dorsal y ventral de *Argiope lobata* (Familia Argiopidae) envolviendo en su tela a un saltamontes (La Cerradura, Jaén). C. Araña lobo *Lycosa hispanica* (Familia Lyocasidae) portando su prole sobre el abdomen (Sierra de Cabra, Córdoba; foto de Alicia Serna). D. *Arianella cucurbitina*, Familia Argiopidae (El Padul, Granada). E. *Lycosa tarantula*, Familia Lycosidae (Sierra de Priego, Córdoba; foto de Alicia Serna). *Micromnata ligurina*, Familia Sparassidae (El Padul, Granada). G. *Lycosa* indeterminada (El Padul, Granada).

A
Argiope lobata
B
1 cm
Argiope lobata
C
5 mm
Lycosa hispanica
D
1 mm
Arianella cucurbitina
E
5 mm
Lycosa tarantula
F
5 mm
Micrommata ligurina
G
1 cm

**Figura 57**
Detalles en algunos arácnidos. A y B. Salticidae indeterminada (Jaén). C y D. *Loxosceles laeta*, Familia Sicariidae (Jaén). E. *Steatoda grossa*, Familia Theridiidae (El Padul, Granada).

ellos predadores o parásitos. Se han descrito aproximadamente unas 80.000 especies, siendo mayoritarias las arañas y los ácaros. Los escorpiones son tan solo unas 1.900 especies pero se encuentran entre los arácnidos más antiguos.

Los arácnidos no deberían confundirse con los insectos ya que tienen cuatro pares de patas (y no tres pares como los insectos), carecen de alas y sus cuerpos no están divididos claramente en tres regiones o tagmas como en los insectos. En el caso de las arañas (Orden Araneae) el cuerpo se divide en dos partes: cefalotórax (o prosoma) y abdomen (u opistosoma) (Figura 56). El cefalotórax está más duro, más esclerotizado, que el abdomen, y de él salen los cuatro pares de patas, siendo el primer par el de mayor longitud. Los arácnidos carecen de antenas, otra característica que los diferencia claramente de los insectos. Los arácnidos poseen además otros apéndices delanteros a las patas que están adaptados a distintas funciones, como los quelíceros. Los quelíceros son apéndices terminados en punta, en una especie de uña en el caso de las arañas, que se emplean para manipular el alimento, pero que además sirven para inocular veneno a sus presas o para defenderse ya que están asociados a una glándula venenosa. Esta uña es relativamente retráctil y puede resguardarse cuando no se emplea. Mientras que los quelíceros aparecen en un segmento por delante de la boca, los pedipalpos aparecen justo por detrás de la misma. Los pedipalpos pueden recordar a pequeñas patas, si bien no se emplean para el desplazamiento y tienen generalmente una función táctil y olfativa. Los machos de algunas especies los usan para cortejar y aparearse con las hembras. Las arañas tienen entre 6 y 8 ojos simples en la parte frontal del cefalotórax, es decir, carecen de ojos compuestos como los de los insectos (Figura 57).

En el extremo del abdomen se encuentran las glándulas productoras de seda que se segrega al exterior por medio de unas pequeñas protuberancias denominadas hileras. La seda de las arañas se compone de unas proteínas complejas que se segregan como un fluido por medio de las hileras y que se solidifica y deshidrata volviéndose insoluble justo al salir al exterior, dando lugar a la fibra de seda. Las arañas emplean la seda con muy distintas funciones. Una de las más conocidas es la preparación de trampas circulares, telarañas, que pueden ser muy complejas. Las arañas emplean estas redes para atrapar insectos, principalmente insectos voladores o saltadores que quedan enganchados, lo que aprovecha la araña para inocular su veneno y paralizarlos, y para envolverlos en su propia tela. Pero dada la naturaleza adhesiva de la tela de araña también la emplean para crear trampillas en el suelo, para revestir túneles y otras muchas funciones más específicas. No todas las arañas construyen trampas para cazar a sus presas, otras salen de caza o se mantienen al acecho cerca de las flores esperando la presa adecuada. La presa suele ser picada con los quelíceros cerca de la cabeza, donde se encuentran numerosos nervios, de manera que en breve queda paralizada. A continuación la presa es envuelta en la seda de forma que queda totalmente inmovilizada (puede ser transportada y almacenada en el caso de algunas arañas). La araña introduce líquidos digestivos en su presa de forma que licua los tejidos antes de succionarlos, ya que las arañas solo pueden ingerir alimento líquido.

**Figura 58**
Escorpión *Buthus occitanus* (Familia Buthidae). A. Vista completa de un ejemplar en Aldeaquemada, Jaén. B-D. Vista dorsal de la cabeza y las pinzas (B), vista ventral (C) y detalle del aguijón (D) de un ejemplar de El Centenillo (Jaén).

Los escorpiones (Orden Scorpiones) tienen un cuerpo más alargado que las arañas gracias a su abdomen claramente segmentado que además termina en una cola, al extremo de la cual se encuentra un aguijón que suele estar elevado y parcialmente enrollado (Figura 57). Los pedipalpos están modificados para formar unas pinzas que emplea para cazar con la ayuda de su aguijón que emplea para paralizar a sus presas. No producen seda como las arañas. Los alacranes, como se les denomina popularmente en muchas zonas, pueden encontrarse bajo las piedras, de donde salen cuando cae la noche para cazar. Su color es amarillo, sobre todo la cola y las extremidades, y es algo más oscuro en la región dorsal del abdomen y el cefalotórax. En el sur de España se encuentra la especie *Buthus occitanus*, principalmente en zonas cálidas. *Buthus ibericus*, que se encuentra casi exclusivamente en el sur de la península, tiene un tamaño algo menor, llegando a los 6 cm, mientras que *B. occitanus* puede llegar a los 8 cm. Ambas especies son muy parecidas y se diferencian por algunos detalles, uno de los más evidentes es que las pinzas son más robustas en *B. ibericus*. Los escorpiones muestran cuidados maternales y los juveniles son frecuentemente llevados sobre la espalda de los adultos inicialmente. La picadura de los escorpiones ibéricos, en principio, no es mortal para el hombre, pero es muy dolorosa y puede causar serios problemas en niños y personas alérgicas.

Los fósiles de escorpiones más antiguos son del Silúrico inferior, hace aproximadamente 440 millones de años, y podían alcanzar cerca de un metro de longitud. La especie más primitiva es *Proscorpius osborni* del Silúrico. Aunque los escorpiones actuales son, como todos los arácnidos, habitantes de tierra firme, algunas formas que vivieron entre el Silúrico y el Carbonífero fueron acuáticas, mientras que las primeras formas terrestres aparecieron en el Devónico.

Otros arácnidos, que a simple vista se pueden confundir con las arañas, son los opiliones (Orden Opiliones). Estos tienen unas patas muy largas y delgadas. El cuerpo tiene una morfología casi esférica sin clara diferenciación entre cefalotórax y abdomen. No producen seda ni tienen veneno. Suelen encontrarse en lugares húmedos y poco luminosos, siendo abundantes en algunas cuevas y minas en las que forman enjambres (Figura 59). Los opiliones son cazadores y carroñeros.

Finalmente, dentro de la Clase Arachnida destaca el Orden Acarina que componen las garrapatas y ácaros (Figura 59). Todos ellos tienen en común su diminuto tamaño, su forma globular y sus extremidades especialmente cortas. La garrapata es bien conocida por todos aquellos que tienen mascotas o ganado. Suele vivir en la hierba, donde espera al paso de algún mamífero al que subirse. Se alimentan de la sangre de los mamíferos, siendo ectoparásitos hematófagos. No suelen fijarse al hombre dado que solemos ir calzados y tenemos poco pelo. El principal problema de la picadura de la garrapata en el hombre es que puede transmitir enfermedades como la enfermedad de Lyme, babesiosis, anaplasmosis y tifus, entre otras. Afortunadamente, esto no ocurre en la mayoría de las ocasiones. Las garrapatas emplean los quelíceros para perforar y cortar la piel, y un órgano llamado hipostoma que sirve para anclarse al huésped del cual succionan la sangre. Para facilitar la succión de la sangre y la hemorragia inoculan

**Figura 59**

Otros arácnidos. A. Nido de opiliones en el interior de la Mina de Carrillo (El Padul, Granada). B y C. Ácaros del género *Poecilochirus* (Familia Parasitidae) que habitualmente se asocia a escarabajos de la Familia Scarabidae (El Centenillo, Jaén).

saliva a su presa con moléculas que impiden la coagulación y tienen propiedades analgésicas.

Los ácaros son diversos y de hábitos muy variados, incluyendo especies vegetarianas, carnívoras, carroñeras y parásitas. Uno de los más frecuentes es el ácaro rojo (*Panonychus ulmi*) que suele causar daños en los brotes y hojas de los árboles frutales. Los ácaros son bastante comunes en el registro fósil del ámbar.

## 8.2 Miriápodos

**Figura 60**
Miriápodos. A. Milpiés fósil del Cretácico (Barremiense, 17 millones de años) de Las Hoyas, Cuenca (foto cedida por el Prof. Paul Selden, Universidad de Kansas). B. Escolopendra *Scolopendra cingulata* de la Cañada de las Hazadillas (Jaén), el ciempiés de mayor tamaño de Europa. C-E. *Tachypodoiulus niger* (Linares, Jaén) es uno de los milpiés más comunes.

Los miriápodos son artrópodos segmentados con un primer y un último segmento especializados. El primero constituye la cabeza y es donde se encuentran la boca y los órganos sensoriales. El último presenta el ano, el aparato reproductor y algunos otros órganos sensoriales. El resto de los segmentos son todos iguales, con un par de patas por segmento en la Clase Chilopoda (ciempiés) y dos pares de patas por segmento en la Clase Diplopoda (milpiés) (Figura 60).

Los ciempiés tienen un tamaño variable, entre diminutos a gigantes, como es el caso de la escolopendra (*Scolopendra cingulata*) que puede superar los 15 cm. Son predadores terrestres activos que aparecen en muy distintos hábitats aunque resultan especialmente abundantes en los climas tropicales. El cuerpo de los ciempiés es algo plano, comprimido dorsoventralmente, con un par de patas por cada segmento, relativamente largas. Las especies más pequeñas suelen encontrarse bajo las piedras, entre las cortezas de árboles viejos o troncos podridos. Las extremidades del segmento que conforma la cabeza están adaptadas a modo de uñas que sirven de aguijones (forcípulas) y emplean para cazar y para defenderse. En la cabeza también se encuentran las antenas segmentadas. La escolopendra es seguramente el ciempiés que inspira más miedo por su tamaño, sus ágiles movimientos, su coloración llamativa y su agresividad cuando se la molesta. Su picadura es tremendamente dolorosa. La escolopendra se alimenta de otros artrópodos, sobre todo insectos, pero también puede cazar pequeños vertebrados como lagartijas.

Los milpiés son mayoritariamente herbívoros o detritívoros y son el grupo de miriápodos más diverso. Aunque no están equipados con aguijones venenosos, como los ciempiés, los milpiés producen compuestos cianogénicos a partir de unas glándulas repugnatorias que emplean para protegerse de los predadores. Suelen ser de pequeño tamaño y algunos de ellos, como *Tachypodoiulus niger*, se enrollan sobre sí mismos para protegerse del frío y de peligros (Figura 60).

Los milpiés más comunes son los gloméridos (Orden Glomeridae), comúnmente denominados marranicas y confundidos con los isópodos que veremos seguidamente. Son realmente unos milpiés muy cortos, de cuerpo bastante convexo y con antenas cortas. Muy comunes en muchos campos de cultivo y entornos urbanos. Una de las características más conocidas de estos organismos es su enrollamiento formando una bola cuando se ven amenazados. Con este comportamiento protegen la región ventral, que es mucho menos dura. Esta técnica es equivalente a la desarrollada por los trilobites, organismos marinos del Paleozoico, que incluso han fosilizado en esta posición.

Existen fósiles de milpiés desde el Devónico inferior, hace algo más de 400 millones de años. Uno de los géneros extintos más llamativos se encuentra en rocas sedimentarias del periodo Carbonífero de Norteamérica y Escocia, *Arthropleura* (Familia Arthropleuridae). Este género llegó a alcanzar los 2,3 m. Como el resto de milpiés, es decir, la Clase Diplopoda, eran seguramente herbívoros u omnívoros.

**Figura 61**
Isópodos continentales denominados vulgarmente cochinillas de la humedad o marranicas. A. Vista ventral y dorsal de *Armadillidium vulgare*. B. Ejemplar de *A. vulgare* parcialmente enrollado. C-E. Vistas de *Porcellio scaber*, uno de los isópodos continentales más grandes.

## 8.3 Isópodos

Las cochinillas de la humedad, como se las conoce en muchas localidades del sur de España, son realmente crustáceos del Orden Isopoda (Figura 61). Los isópodos, como buenos crustáceos, son más comunes y diversos en ambientes acuáticos, fundamentalmente marinos. No obstante, las distintas especies de isópodos terrestres son extremadamente comunes en campos y ciudades. Suelen confundirse con los gloméridos (un grupo de milpiés), es decir, entran dentro del término popular de marranicas o cochinillas. Su forma a simple vista es muy parecida a la de los gloméridos, con los que presentan una estrecha convergencia evolutiva. Realmente es sorprendente la semejanza morfológica entre ambos grupos. Sin embargo, en el detalle se pueden diferenciar con facilidad. Las cochinillas de la humedad son: a) un poco más grandes, b) más rápidas, c) sus antenas son algo acodadas y más largas que en los gloméridos, d) tienen un solo par de patas por cada segmento y no dos como los gloméridos y, e) el cuerpo es más aplanado dorsalmente que el de los gloméridos. No obstante, también adoptan la posición enrollada formando una bola, de igual manera que los gloméridos. Es un ejemplo de convergencia evolutiva difícilmente superable.

9

# Agradecimientos

ESTA OBRA ES EL RESULTADO DE MI AFICIÓN POR LOS ARTRÓPODOS EN GENERAL, Y DE LOS INSECTOS EN PARTICULAR, ASÍ COMO MI FORMACIÓN COMO PALEONTÓLOGO. La toma de imágenes de insectos con la lupa binocular junto a mi hijo Gabriel, de 10 años, comenzó a lo largo de 2020, aprovechando el tiempo compartido durante el confinamiento por la pandemia fue el germen del que surgió la idea de realizar este libro. Juntos hemos realizado numerosas observaciones sobre el comportamiento de los insectos en la naturaleza y en nuestros terrarios, donde hemos estudiado aceiteras, picudos rojos, calosomas, cárabos, grillos, tijeretas, gusanos de seda e insectos palo.

Esta obra no hubiera sido posible sin la colaboración de mi padre Matías Reolid Tauste y mis hijos Gabriel y Alonso, que me han ayudado a localizar, atrapar y criar en el terrario algunos de los ejemplares figurados en esta obra. El Dr. Enrique Peñalver, paleoentomólogo del Instituto Geológico y Minero de España, me ha dado buenos consejos acerca de la obra y ha realizado una revisión de la misma que claramente ha supuesto una mejora, por lo que estoy enormemente agradecido. Igualmente, el Dr. Peñalver puso a mi disposición algunas imágenes de insectos preservados en ámbar. El profesor Paul A. Selden (Universidad de Kansas) me facilitó algunas imágenes de arácnidos fósiles y de miriápodos de increíble belleza. La geóloga encargada del Geoparque de la Subbética de Córdoba, Alicia Serna, me ha facilitado algunas imágenes de insectos y arácnidos espectaculares. Agradezco también a mi hermano, Jesús Reolid, geólogo y paleoilustrador de la Universidad de Granada, todo el tiempo dedicado a la realización de la figura de reconstrucción del ambiente del periodo Carbonífero. Los profesores Joerg Mutterlose (Universidad de Bochum, Alemania) y Michael Klopschar (Museo de Historia Natural de Braunschweig, Alemania) han facilitado algunas imágenes de insectos fósiles del Jurásico inferior. El Dr. Josep Bisbal, paleontólogo del IPHES, proporcionó una excelente imagen de *Argiope bruennichi*.

Quiero agradecer al Dr. Francisco Guerrero, biólogo de la Universidad de Jaén, su disposición a la hora de acompañarme en la captura del picudo negro del ágave. Agradezco también el acceso a las colecciones de insectos de la Universidad de Jaén, que ha facilitado la clasificación de algunos ejemplares. Extiendo mi agradecimeinto a Dña. Helena Martín que me facilitó varios ejemplares de picudo rojo de Linares. Igualmente, ha sido importante el apoyo y la confianza mostrados por la Dra. María Ángeles Peinado, el Dr. Antonio Marchal y el Dr. Francisco Guerrero, responsables de las publicaciones de ciencias de la Editorial Universidad de Jaén, a este proyecto. Agradezco los comentarios y correcciones realizados por dos revisores anónimos que han contribuido a mejorar la obra, así como el apoyo mostrado por la Jefa de Publicaciones María Rosalía Tudela y Andrés Ramírez, técnico especialista de la Editorial Universidad de Jaén.

Esta publicación se enmarca dentro de las actividades del Laboratorio de Patrimonio Natural del Centro de Estudios Avanzados en Ciencias de la Tierra y Medio Ambiente (CEACTEMA).

# Glosario

| | |
|---|---|
| Agalla | Crecimiento anómalo de los tejidos de una planta producido por un insecto u otro organismo. |
| Angiosperma | Plantas con flores cuyas semillas se encuentran en el interior de un fruto. |
| Áptero | Que carece de alas. |
| Artrópodo | Filo más numeroso y diverso del Reino Animal que incluye a los invertebrados con exoesqueleto y apéndices articulados. |
| Cerco | Apéndices que se encuentran situados en el extremo del abdomen de muchos insectos que a menudo son filiformes. |
| Coxa | Segmento más proximal de las patas de los insectos equivalente a una cadera. |
| Cuenca sedimentaria | Área subsidente de la superficie terrestre en la que, durante un prolongado intervalo de tiempo geológico, se acumulan grandes espesores de sedimento. |
| Cutícula ninfal | Muda del exoesqueleto producida al final de la fase de ninfa. |
| Ecdisis | Proceso de sustitución de la cutícula. |
| Ecosistema | Unidad biológica constituida por una comunidad de organismos y el medio físico donde se relacionan. |
| Ectognato | Hexápodo cuyas piezas bucales se encuentran permanentemente expuestas y no se retrotraen al interior de la cabeza. |
| Élitro | Ala anterior endurecida (esclerotizada) de forma que protege a las alas posteriores y al abdomen en algunos grupos de insectos cuyos mejores representantes son los coleópteros. |
| Endopterigoto | (Superorden Endopterygota) Insectos en los que las alas se forman en el interior del cuerpo durante la metamorfosis completa (holometábola). |
| Entognato | Hexápodos cuyo aparato bucal se retrotrae al interior de la cabeza. Este rasgo define a la Clase Entognatha. |
| Entomología | Ciencia que se ocupa del estudio de los insectos. |

| | |
|---|---|
| Escapo | Primer segmento de las antenas de los insectos. |
| Esclerita | Cada una de las placas en las que se divide la cutícula quitinosa de los artrópodos y que pueden corresponder o no a los segmentos en los que se divide el cuerpo. |
| Especialista | Organismo adaptado evolutivamente a un determinado recurso alimenticio y a unas determinadas condiciones ambientales. |
| Especie | Grupo de organismos de aspecto similar que son capaces de procrear entre sí dando lugar a descendencia fértil; constituyen una categoría taxonómica. |
| Esternito | Placa quitinosa ventral correspondiente a cada segmento del abdomen de los insectos. |
| Estridulación | Acción de producir sonido a partir de la fricción de ciertas partes del cuerpo. |
| Evolución | Proceso continuo de transformación de las especies a través de cambios en sucesivas generaciones. |
| Exoesqueleto | Esqueleto externo continuo que cumple la función protectora, de respiración y de soporte mecánico en los artrópodos. |
| Exopterigoto | (Superorden Exopterygota) Insectos que tienen fases juveniles con un aspecto parecido al de los adultos y muestran un cambio gradual de estado juvenil a estado adulto que se va produciendo con cada muda a partir de distintas metamorfosis parciales (hemimetábolos). |
| Extinción | Desaparición de todos los miembros de un grupo taxonómico (especie, género o un rango mayor). |
| Extinción masiva | Desaparición brusca de numerosos organismos inducida por fenómenos a escala global. |
| Exuvia | Cutícula abandonada por los artrópodos tras la muda. |
| Faceta | Cada una de las pequeñas lentes que constituyen los ojos compuestos de algunos artrópodos. |
| Feromona | Sustancia química segregada por los organismos para provocar un comportamiento determinado en otros individuos de la misma especie. |
| Filo | Categoría taxonómica situada entre el Reino y la Clase. |
| Filogenia | Relaciones de parentesco evolutivo entre grupos de organismos. |
| Fitófago | Organismo que se alimenta de plantas. |
| Flagelo | Resto de segmentos que componen las antenas de los insectos excluyendo a los dos primeros (escapo y pedicelo). |
| Fósil | Resto de organismo o de su actividad conservado en el registro geológico. |

| | |
|---|---|
| Fosilización | Proceso por el que los restos de un organismo o de su actividad (huellas, excrementos, nidos) quedan preservados en las rocas. |
| Generalista | Organismos que pueden vivir en una amplia gama de condiciones ambientales y que pueden aprovechar distintos recursos tróficos. |
| Género | Unidad taxonómica que se ubica entre familia y especie y que reúne a varias especies emparentadas (aunque existen también géneros monoespecíficos). |
| Halterios | Pequeñas estructuras claviformes que proceden, generalmente, de la modificación del par de alas traseras de algunos insectos voladores, como los dípteros, y que se emplea, para orientar al insecto durante el vuelo. |
| Hematófago | Organismo que se alimenta de sangre. |
| Hemimetábolo | Organismos que no presentan una metamorfosis completa en los que las formas juveniles (ninfas) se parecen a las formas adultas. |
| Holometábolo | Organismos que presentan una metamorfosis completa siendo las larvas totalmente diferentes a los adultos. |
| Holóptico | Se refiere a aquellos ojos compuestos de algunos machos de determinados dípteros, como al Familia Tabanidae, que son tan grandes que entran en contacto. |
| Icnita (icnofósil) | Huella fósil derivada de la actividad de un organismo en el sedimento. |
| Invertebrado | Animales que carecen de columna vertebral o notocorda, y de esqueleto interno articulado. |
| Larva | Fase juvenil de los animales con desarrollo por metamorfosis y que tiene una anatomía, fisiología y ecología diferente del adulto. |
| Labium | Labio inferior de los insectos formado por la fusión de dos apéndices. |
| Maxila | Mandíbulas secundarias de los insectos. |
| Mesotórax | Segmento central del tórax de los insectos en el que se articulan las alas delanteras. |
| Metámero | Cada uno de los segmentos de los que se componen muchos invertebrados, incluidos los insectos. |
| Metamorfosis | Transformación que experimentan determinados animales en su desarrollo biológico y que afecta no solo a su forma sino también a sus funciones y su modo de vida. |
| Metatórax | Segmento del tórax más próximo al abdomen, en el que se articulan las alas traseras. |
| Monofilético | Grupo de organismos que comparten un único y exclusivo ancestro común. |

| | |
|---|---|
| Muda | Resto del exoesqueleto que abandonan algunos artrópodos cuando este queda pequeño y limita su crecimiento. |
| Ninfa | Nombre que se da a las distintas fases de desarrollo de los ejemplares juveniles de algunos insectos que son exopterigotos hemimetábolos. |
| Ontogenia | Etapas de desarrollo de un organismo desde embrión a estado adulto. |
| Ooteca | Cápsula en la que los insectos dictiópteros ponen los huevos. |
| Oportunista | Especie que en determinadas condiciones, generalmente desfavorables para otos organismos, es capaz de sobrevivir además de aumentar su tasa reproductiva. |
| Oruga | Nombre que se le da a la larva vermiforme y reptante de los lepidópteros. |
| Ovopositor | Protuberancia, a veces afilada, que se encuentra al final del abdomen de algunos insectos y que emplean para depositar los huevos en el interior de algún sustrato que puede ser un suelo, un vegetal o un organismo. |
| Paleontología | Ciencia que estudia los fósiles y la historia de la vida en la Tierra. |
| Palpos | Apéndices con función sensorial que se localizan junto a la boca y se emplean para examinar el alimento. |
| Pangea | Supercontinente constituido por la unión de todas las masas continentales. |
| Parafilético | Conjunto de organismos que tienen un ancestro común pero que no incluye a la totalidad de sus descendientes. |
| Parásito | Organismo que se alimenta a expensas de otro organismo viviendo sobre él o en su interior. |
| Partenogénesis | Reproducción sexual consistente en el desarrollo de un nuevo individuo a partir de un óvulo no fecundado. Este tipo de reproducción se da en algunos insectos y crustáceos. |
| Pedicelo | Segundo segmento, generalmente corto, de los que constituyen las antenas de los insectos. |
| Periodo | Unidad básica de la escala del tiempo geológico en la que se subdivide una era y que a su vez se subdivide en épocas. |
| Polifilético | Grupo de organismos cuyos integrantes pertenecen a linajes no relacionados evolutivamente. |
| Polinización | Proceso por el que el polen se transfiere entre las flores desde el estambre (masculino) al estigma (femenino) de forma que se produce la germinación y la fecundación de los óvulos de la flor que generará las semillas y frutos. |

| | |
|---|---|
| Pronoto | Parte del exoesqueleto de los insectos que ocupa la superficie dorsal del tórax. |
| Protórax | Primero de los tres segmentos del tórax de los insectos que ocupa una posición más cercana a la cabeza. |
| Quitina | Polisacárido compuesto por moléculas de N-acetilglucosamina que constituye el exoesqueleto rígido de los artrópodos. |
| Registro fósil | Conjunto de los fósiles existentes en las rocas sedimentarias que sirve para saber la edad relativa de las rocas y la evolución de las especies. |
| Roca sedimentaria | Roca formada a partir de los productos de meteorización y erosión de rocas preexistentes que han sido transportados, depositados y litificados, o bien por la precipitación de soluciones acuosas o por acumulaciones de esqueletos de organismos. |
| Sedimentación | Proceso por el que fragmentos de roca, restos de organismos o minerales que se forman por la precipitación de sales en disolución (los sedimentos) se acumulan en una zona deprimida (cuenca sedimentaria). |
| Sedimento | Material constituido por partículas no consolidadas creadas por la meteorización y la erosión de rocas, por precipitación química de soluciones acuosas o por secreciones de organismos, y que pueden ser transportadas. |
| Tafonomía | Rama de la Paleontología que se ocupa del estudio de los procesos de transformación de los restos orgánicos y las huellas derivadas de su actividad en restos fósiles. |
| Tagma | Regiones en las que se organizan y especializan los distintos segmentos o metámeros, y que en los insectos son tres: cabeza, tórax y abdomen. |
| Taxón | Grupo al que pertenece un organismo (especie, género, familia, orden, clase...). |
| Terguito | Placa quitinosa dorsal correspondiente a cada segmento del abdomen de los insectos. |
| Trilobites | Clase de artrópodos marinos extintos pertenecientes al Subfilo Trilobitomorpha que vivieron durante el Paleozoico. |
| Vermiforme | Que tiene forma de gusano. |
| Vértex | Parte superior de la cabeza de los insectos que se encuentra hacia atrás y por encima de los ojos. |

# Referencias


- ARILLO, A. (2001): Presencia de la familia Pompilidae (Insecta, Hymenoptera) en el Mioceno Superior de la Cuenca de La Cerdaña (Lleida, NE de España), *Coloquios de Paleontología*, 52, 79-83.
- BERNER, R. A. y CANFIELD, D. E. (1989): "A new model for atmospheric oxygen over Phanerozoic time", *American Journal of Science*, 289, 333-361.
- BOLTENHAGEN, E., DAJAX, J. y SALARD-CHEBOLDAEFF, M. (1985): "Evolution de la vegetation tropicale africaine du Crétacé a l'Actuel d'aprés les données de la palynologie", *Comité des Travaux Scientifiques et Historiques, Section Science,* París, 8, 165-194.
- BROTHERS, D. J. (1992): "The first Mesozoic Vespidae (Hymenoptera) from the Southern Hemisphere, Botswana", *Journal of Hymenoptera Research*, 1, 119-124.
- CALLE, J. A. (1982): Noctuidos españoles, *Boletín del Servicio Contra Plagas e Inspección Fitopatológica*. Fuera de Serie 1, 430 pp.
- CARPENTER, J. M. (2000): "A vespid wasp from New Jersey Cretaceous amber", en *Studies on Fossils in Amber, with Particular Reference to the Cretaceous of New Jersey*. D. Grimaldi, (ed.), Leiden: Backhuys Publishers, pp. 333-337.
- CARPENTER, J. M. y RASNITSYN, A. P. (1990): "Mesozoic Vespidae", *Psyche*, 97, 1-20.
- CRANE, P. R., FRIIS, E. M. y PEDERSEN, K. R. (1995): "The origin and early diversification of angiosperms", *Nature*, 374, 27-33.
- CREPET, W. L. (1995): "Timing in the evolution of derived floral characters upper Cretaceous (Turonian) taxa with tricolpate and tricolpate-derived pollen", *Review of Paleobotany and Palynology*, 90, 339-359.
- CREPET, W. L. (2000): "Progress in understanding angiosperm history, success and relationships, Darwin's abominably 'perplexing phenomenon'", *Proceedings of the National Academy of Sciences of the United States of America*, 97, 12939-12941.
- DEUVE, T. (2001): "Origin of the Hexapoda", *Annales de la Société Entomologique de France*, 37, 1-304.
- DUBININ, V. B. (1948): "Finds of Pleistocene lice (Anoplura) and nematodes during studies of bodies of fossil ground squirrels from the Indigirka". *Doklady Akademii Nauk, SSSR,* 62, 417-20. [En ruso]

- DUDLEY, R. (1998): "Atmospheric oxygen, giant Paleozoic insects and the evolution of aerial locomotor performance", *Journal of Experimental Biology*, 201, 1043-1050.
- DUDLEY, R. (2000): *Biomechanics of Insect Flight: Form, Function, Evolution*. Princeton, New Jersey, Princeton University Press, 476 pp.
- ENGEL, M. S. (2000): "A new interpretation of the oldest fossil bee (Hymenoptera: Apidae)", *American Museum Novitates*, 3296, 1-11.
- ENGEL, M. S. y GRIMALDI, D. A. (2004): "New light shed on the oldest insect", *Nature*, 427, 627-630.
- GRAHAM, J. B., DUDLEY, R., AGUILAR, N. y GANS, C. (1995): "Implications of the late Palaeozoic oxygen pulse for physiology and evolution", *Nature*, 375, 117-120.
- GRATSHEV, V. G. y ZHERIKHIN, V. V. (1993): "New fossil mantids (Insecta, Mantida)", *Paleontological Journal*, 27, 148-165.
- GRIMALDI, D. A. y ENGEL, M. S. (2005): "*Evolution of the Insects*", Cambridge University Press, 755 pp.
- GRIMALDI, D. A., ENGEL, M. S. y NASCIMBENE, P. C. (2002): "Fossiliferous Cretaceous amber from Myanmar (Burma): Its rediscovery, biotic diversity, and paleontological significance", *American Museum Novitates*, 3361, 1-72.
- HONKANEN, A., TAKALO, J., HEIMONEN, K., VÄHÄSÖYRINKI, M. y WECKSTRÖM, M. (2014): "Cockroach optomotor responses below single photon level", *The Journal of Experimental Biology*, 217, 4262-4268.
- JARZEMBOWSKI, E. A. (1999): "Arthropods 2: Insects", en A. Swift, A. y D. M. Martill (eds.), *Fossils of the Rhaetian Penarth Grou*p. The Palaeontological Association. Londres, 312 pp.
- JELL, P. A. y DUNCAN, P. M. (1986): "Invertebrates, mainly insects, from the freshwater, Lower Cretaceous, Koonwara Fossil Bed (Korumburra Group), South Gippsland, Victoria", *Memoir of the Association of Australasian Palaeontologists*, 3, 111-205.
- JERAM, A. J., SELDEN, P. A. y EDWARDS, D. (1990): "Land animals in the Silurian: Arachnids and myriapods from Shropshire, England", *Science*, 250, 658-661.
- JOHNSON, E. W., BRIGGS, D. E. G., SUTHREN, R. J., WRIGHT, J. L. y TUNNICLIFF, S. P. (1994): "Non-marine arthropod traces from the subaerial Ordovician Borrowdale Volcanic Group, English Lake District", *Geological Magazine*, 131, 395-406.
- JUDD, W. S., CAMPBELL, C. S., KELLOGG, E. A., STEVENS, P. F. y DONOGHEU, M. J. (2002): *Plant systematics, a phylogenetic approach*. Sunderland: Sinauer Associates, 576 pp.
- KRAL, K. (1999): "Binocular vision and distance estimation", en *The Praying Mantids*. F. R. Prete, H. Wells, P. H. Wells, y L. E. Hurd (eds.), Johns Hopkins University Press. Baltimore, Maryland: 114-140.

- KRZEMINSKI, W. y JARZEMBOWSKI, E. (1999): "*Aenne triassica* sp. n., the oldest representative of the family Chironomidae (Insecta: Diptera)", *Polskie Pismo Entomologisczne*, 68, 445-449.
- KRZEMINSKI, W., KRZEMINSKA, E. y PAPIER, F. (1994): "*Grauvogelia arzvilleriana* sp. n. – the oldest Diptera species (Lower/middle Triassic of France)", *Acta Zoologica Cracoviensia*, 37, 95-99.
- LABANDEIRA, C. C. (2006): "The four phases of plant-arthropod associations in deep time", *Geologica Acta*, 4, 409-438.
- LABANDEIRA, C. C. y SEPKOSKI, J.J. (1993): "Insect diversity in the fossil record", *Science*, 261, 310-315.
- LELEJ, A. S. (1996): "Males of the genus *Protomutilla* (Hymenoptera, Mutillidae) from Baltic amber", *Paleontologicheskiy Zhurnal*, 1986, 104-106. [En ruso]
- MACNAUGHTON, R. B., COLE, J. M., DALRYMPLE, R. W., BRADDY, S. J., BRIGGS, D. E. G. y LUKIE, T. D. (2002): "First steps on land: Arthropod trackways in Cambrian-Ordovician eolian sandstone", southeastern Ontario, Canada. *Geology*, 30, 391-394.
- MELLOR, P. S., BOORMAN, J. y BAYLIS, M. (2000): "*Culicoides* biting midges: Their role as arbovirus vectors", *Annual Review of Entomology*, 45, 307-340.
- MENDES, L. F. (1997): "First contribution to the study of the Dominican amber Zygentoma (Insecta): Family Ateluridae", *Pedobiologia*, 41, 40-43.
- MENDES, L. F. (1998): "Second contribution to the study of the Dominican Republic amber Zygentoma (Insecta): Family Lepismatidae", *Canadian Entomologist*, 130, 899-904.
- MONTOYA, P., PEÑALVER, E., RUIZ-SÁNCHEZ, F.J., SANTISTEBAN, C., ALCALÁ, L., BELINCHÓN, M. y LACORNBA, J.I. (1996): "Los yacimientos paleontológicos de la cuenca terciaria continental de Rubielos de Mora (Aragón)", *Revista Española de Paleontología*, n° Extraordinario, 215-224.
- NEL, A., PERRAULT, G., PERRICHOT, V. y NÉRAUDEAU, D. (2004): "The oldest ant in the Lower Cretaceous amber of Charente-Maritime (SW France) (Insecta: Hymenoptera: Formicidae)", *Geologica Acta*, 2, 23-29.
- NEL, A., PETRULEVICIUS, J. F. y BÉTHOUX, O. (2005): "Les insectes, témoins privilégiés du Crétacé", *Pour la Science Dossier*, 48, 108-114.
- ORTUÑO, V. M. y MARTÍNEZ-PÉREZ, F. D. (2011): "La diversidad de artrópodos en España", *Memorias de la Real Sociedad Española de Historia Natural*, 2° Época, 235-284.
- PELLMYR, O. (2002): "Pollination by animals", en *Plant animal interactions: An evolutionary approach*, C. M. Herrera, y O. Pellmyr (eds.). Oxford: Blackwell Science, pp. 157-184.

- PERCINO-DANIEL, N., BUCKLEY, D. y GARCÍA-PARÍS, M. (2013): "Pharmacological properties of blister beetles (Coleoptera: Meloidae) promoted their integration into the cultural heritage of native rural Spain as inferred by vernacular names diversity, traditions, and mitochondrial DNA", *Journal of Ethnopharmacology*, 147, 570-583.
- PIÑERO, F. S., TINAUT, A., AGUIRRE-SEGURA, A., MIÑANO, J., LENCINA, J. L., ORTIZ-SÁNCHEZ, J., PÉREZ-LÓPEZ, J. (2011): "Terrestrial arthropod fauna of arid areas of SE Spain: diversity, biogeography, and conservation", *Journal of Arid Environments*, 75, 1.321-1.332.
- RODET, G. (2013): "Chapitre 21 Mutualisme entre insectes et plantes, des ennemis réconciliés", en *nteractions insectes-plantes*, N. Sauvion, P. A. Calatayud, D. Thiéry y F. Marion-Poll (eds.). Versalles: Editions Quae, pp. 303–318.
- ROLFE, W. D. I. y BECKETT, C. M. (1984): "Autecology of Silurian Xiphosurida, Scorpionida, and Phyllocarida", *Special Papers in Palaeontology*, 32, 27-37.
- RUANO, F., TIERNO DE FIGUEROA, M. y TINAUT, A. (2013): *Los insectos de Sierra Nevada. 200 años de historia*. Ed. Asociación Española de Entomología, Volumen 1, 544 pp.
- RUANO, F., TIERNO DE FIGUEROA, M. y TINAUT, A. (2013): *Los insectos de Sierra Nevada. 200 años de historia*. Ed. Asociación Española de Entomología, Volumen 2, 528 pp.
- SELDEN, P. A. y JERAM, A. J. (1989): "Palaeophysiology of terrestrialisation in the Chelicerata", *Transactions of the Royal Society of Edinburgh, Earth Sciences*, 80, 303-310.
- SELLÉS-MARTÍNEZ, J. (1996): "Concretion morphology, classification, and genesis", *Earth-Science Reviews*, 41, 177-210.
- STARR, C. K. (1985): "A simple pain scale for field comparison of hymenopteran stings", *Journal of Entomological Science*, 20, 225-231.
- STØRMER, L. (1977): "Arthropod invasion of land during Late Silurian and Devonian times", *Science*, 197, 1362-1364.
- VERDUGO PÁEZ, A. (2004): *Los cerambícidos de Andalucía (Coleoptera: Cerambycidae)*. Monográfico n° 1 Sociedad Andaluza de Entomología, 148 pp.
- WALOSSEK, D., LI, C. S. y BRAUCKMANN, C. (1990): "A scorpion from the Upper Devonian of Hubei Province, China (Arachnida, Scorpionida)", *Neues Jahrbuch für Geologie und Paläontologie, Monatshefte*, 1990, 169-180.
- WEITSCHAT, D. y WICHARD, W. (2002): *Atlas of Plants and Animals in Baltic Amber*. Múnich: Verlag Dr. Friedrich Pfeil, 256 pp.
- WENZEL, J. W. (1990): "A social wasp's nest from the Cretaceous period, Utah, USA, and its biogeographical significance", *Psyche*, 97, 21-29.
- WHALLEY, P. E. S. (1985): "The systematics and palaeogeography of the Lower Jurassic insects of Dorset, England", *Bulletin of the British Museum (Natural History) (Geology)*, 39, 107-189.

## Bibliografía recomendada


- BAHILLO DE LA PUEBLA, P. y ALONSO ROMÁN, I. (2010): *Estudio faunístico de los Carabidae (Insecta, Coleoptera) de la Reserva de la Biosfera de Urdaibai. I parte: Cicindelinae, Carabinae, Nebriinae, Loricerinae, Scaritinae, Patrobiinae, Licininae, Lebiinae, Dryptinae, y Brachininae (sensu Serrano, 2003)*. Departamento de Medio Ambiente, Planificación Territorial, Agricultura y Pesca, Gobierno Vasco, 63 pp.
- BARREDA, J. M. (2011): "Los lucánidos (Coleoptera, Lucanidae) de Andalucía (España)", *Boletín de la Sociedad Entomológica Aragonesa*, 49, 361-362.
- CALLE, J. A. (1982): "Noctuidos españoles", *Boletín del Servicio Contra Plagas e Inspección Fitopatológica. Fuera de Serie 1*, 430 pp.
- CHINERY, M. (2006): *Guía de insectos de Europa*. Ed. Omega, 320 pp.
- DIÉGUEZ FERNÁNDEZ, J. M. y LÓPEZ-PÉREZ, J. J. (2015): Catálogo corológico de los Lampyridae (Col., Elateroidea) de la provincia de Huelva (S.O., de Andalucía, España), *Anchivos Entomolóxicos*, 14, 23-26.
- ESPAÑOL, F. (1961): "Los *Blaps* de la Península Ibérica (Col. Tenebrionidae)", *Revista Española de Entomología*, 37, 399–414.
- FRANCO-ÁVILA, R. I. y VÍCTOR-ROSAS, L. J. (2019): "La familia Meloidae (Insecta: Coleoptera) en la colección entomológica de la Escuela Nacional de Ciencias Biológicas", *Entomología Mexicana* 6, 643–648.
- GAMARRA, P. y OUTERELO, R. (2008): Catálogo iberobalear de los Staphylininae (Coleoptera: Staphylinidae), *Boletín Sociedad Entomológica Aragonesa*, 42, 197-251.
- GOULA, M. y MATA, L. (2015): "Clase Insecta. Orden Hemiptera, Suborden Heteroptera", *Ibero Diversidad Entomológica @ccesible*, 53, 1-30.
- LÓPEZ-PÉREZ, J. J. (2011): Catálogo corológico de los sílfidos (Coleóptera, Silphidae) de Huelva (S.O. de Andalucía, España), *Archivos Entomolóxicos*, 5, 25-30.
- LÓPEZ-PÉREZ, J. J. (2016): Catálogo corológico de los Meloidae Gyllenhal, 1810 (Coleoptera, Tenebrionoidea) de la provincia de Huelva (suroeste de Andalucía, España), *Boletín de la Sociedad Entomológica Aragonesa*, 59, 227-232.
- LÓPEZ-PÉREZ, J. J., SÁNCHEZ-GEA, J. F., CÁRDENAS TALAVERÓN, A. M. y SERRANO MARINO, J. (2014): Catálogo de los Carabidae (Coleoptera) de la provincia de Huelva (suroeste de Andalucía, España), *Boletín de la Sociedad Entomológica Aragonesa*, 554, 263-292.
- MÁRQUEZ-JIMÉNEZ, F. J., HIDALGO-PONTIVEROS, A., CONTRERAS-CHOVA F., RODRÍGUEZ LIÉBANA, J. J. y MUNIAIN-EZCURRA, M. A. (2005): "Las garrapatas (Acarina: Ixodida) como transmisores y reservorios de microorganismos patógenos en España", *Enfermedades Infecciosas y Microbiología Clínica*, 23, 94-102.

- MARTÍNEZ, C. (2005): "Introducción a los escarabajos Carabidae (Coleoptera) de Colombia", *Instituto de Investigación de Recursos Biológicos Alexander von Humboldt*, 328, 546 pp.
- MARTÍNEZ FERNÁNDEZ, J. C. (2010): "Un nuevo representante del género *Blaps* Fabricius, 1775 de la Península Ibérica: *Blaps tichyi* n. sp. (Coleoptera, Tenebrionidae)", *Boletín de la Sociedad Entomológica Aragonesa*, 47, 181-185.
- MILLÁN, A., SÁNCHEZ-FERNÁNDEZ, D., ABELLÁN, P., PICAZO, F., CARBONELL, J. A., LOBO, J. M. y RIBERA, I. (2014): *Atlas de los coleópteros acuáticos de España peninsular.* Ministerio de Agricultura, Alimentación y Medio Ambiente. Madrid. 820 pp.
- OBREGÓN, R., QUESADA, B. y SÁNCHEZ, J.M. (2020): *Mariposas diurnas de Sierra Mágina*. Ed. Ayuntamiento de Huelma, 229 pp.
- ORTUÑO, V. M. (2002): "Estado de conocimiento de los artrópodos de España", en *La Diversidad Biológica de España*. F. D. Pineda, J. M. De Miguel, M. A. Casado y J. Montalvo (eds.), Pearson Educación, pp. 209-234.
- ORTUÑO, V. M. y MARTÍNEZ-PÉREZ, F. D. (2011): "Diversidad de Artrópodos en España", *Memorias Real Sociedad Española Historia Natural* 2° ép., 9, 235-283.
- PRIETO, C. (2003): "Primera actualización de la Check-list de los Opiliones de la Península Ibérica e Islas Baleares", *Revista Ibérica de Aracnología*, 8, 125-141.
- PRIETO, M., GARCÍA-PARÍS, M. y MASÓ, G. (2016): "La colección ibero-balear de Meloidae Gyllenhal, 1810 (Coleoptera, Tenebrionoidea) del Museu de Ciències Naturals de Barcelona", *Arxius de Miscellània Zoologica*, 14, 117-216.
- ROMERO PALANCO, J. L., MUNGUÍA GIRÓN, F. y GAMERO LUCAS, J. (2006): "Entomología cadavérica en la provincia de Cádiz (S. de España)", *Ciencia Forense*, 8, 83-106.
- VERDÚ, J.R. y GALANTE, E. (2006): *Libro rojo de los invertebrados de España*. Dirección general para la Biodiversidad. Ministerio de Medio Ambiente. Madrid. 411 pp.
- VERDUGO, A. (2019): "Algunos registros de Curculionoidea de Andalucía (Insecta: Coleóptera)", *Revista Gaditana de Entomología*, 10, 57-69.
- VIEJO, J. L. (2010): *La diversidad de artrópodos de España*. Documentación Administrativa 278-279(2007), 113-142.
- ZAHRADNIK, J. (1990): *Guía de los Coleópteros de España y Europa*. Ed. Omega. 570 pp.

# Índice de nombres científicos